U0074464

興台之圳

——瑠公圳對開發臺灣作出重大貢獻

卜一著

序言——瑠公圳堪稱「興台之圳」

翁和毓博士

　　卜一先生為臺灣大學機械系高材生，來美後入普渡大學研究院獲得機械工程博士學位；後從事北美及中國石油生產開發工作三十餘年。退休之後乃致力於著作，其文章詞句清晰、雄厚有力；描述精密，分析條理井然；取材範圍廣泛，憑靈感而定題目，所著之書給讀者提供很好的參考資料。

　　臺灣為西太平洋花彩列島（island arc）之一，因太平洋板塊向西擠壓，造成逆衝斷層及褶皺，而露出海面之島嶼。其地質構造為南北走向，地層以東側舊而西側新；地形為中央高山而西部平原，河川四射，河道短促，河水混濁多泥沙，河床寬闊而不深，不宜於水運之用；東岸水深但岸線平直，西岸為新生沖積地，故缺乏天然良港。

　　臺灣礦產稀少，有煤及油氣，但量不足供應，黃金已無開採價值，硫磺因影響工人健康而停止開採。中央山脈之粘板岩及台東、花蓮之片麻岩、大理石可供建築材料用，尚有潛力，有待開發。若欲發展重工業，既無原料又乏市場。

唯輕工業可以努力發展。臺灣氣候宜人、雨量豐沛，故農業及漁業為可圖之產業。

此書中提到現居民狀況，內容詳實可貴，以歷史可分為三大族群：高山族（番仔、原住民）、閩粵移民（漢人、唐山人）與國民黨軍政人員（外省人）。

（一）高山族分十五支族，其語言、宗教、風俗、歌舞各異；因無文字記載，故不知來自何處，只知小舟木槳漂划渡海而來，必定非遠洋旅客，可以推測來自浙江、福建、廣東一帶；日月潭酋長毛國雄謂其舞蹈與雲南一族相似，故認為可能來自雲南；泰雅族語言與福建畲族可以溝通，並且服飾相近，可能來自福建；蘭嶼與巴丹島人跳竹竿舞，和海南島黎族相同，系出一源；阿眉族為高山族與歐洲白人混血，據人類學之研究，太平洋島嶼之居民統稱為波利尼西亞人（Polynesian），皆來自福建之華南傜族（古越族）。

（二）漢人於明、清、日據時代大批移民到臺灣，主要為閩南人與客家人，因清政府未對土地擁有權及灌溉使用權作嚴格規定，以致北部引起族群械鬥；客家人退居臺北盆地南緣丘陵地，在新竹建義民廟以奉祀，閩南人守住臺北盆地，建大眾爺廟以供奉，後來漳州人與泉州人又起衝突，漳州人被排擠出大稻程，艋岬一帶

精華地區，退據士林，北投一帶，漳州人建芝山岩以紀念其傷亡族人，泉州人守住精華地區，並建龍山寺以紀念傷亡族人。追念先父由福建安溪渡海前往臺北大稻埕，經營烏龍茶業，艱辛備嘗、創業匪懈、澤被子孫！他的一生奮鬥代表了早期漢人渡海移民，篳路藍縷、以啟山林、造福後世的偉大精神！

（三）外省人應以光復以後算起，至國民政府播遷來台以後為止，凡大陸來台之非閩南人者。起初來台之外省人乃政府之公務員及軍警部隊，有些人貪腐不收斂，受人卑視。臺灣百姓被日本人壓榨成了習慣，一切用品都由配給，一旦開放自由，如斷線風箏，又因更換新經濟制度下，一切生活尚未能上軌道，遂發生暴動，稱之為二二八事件；不久國民政府播遷來台，帶領大批外省人同來，至一九四九臺灣與大陸斷絕來往，大陸稱所有臺灣居民為臺胞。

書中以郭錫瑠及瑠公圳為主要聚焦，其內容精細詳實，本來不需在序文中贅述，但有幾點值得重題：

（一）郭錫瑠以私人資產開發如此龐大規模灌溉面積利己亦利人也。

（二）他非水利工程師，當時無現代化工具，而能創定如此偉業。

（三）雖遭遇財產耗盡而不灰心，仍然完成其原計畫。

（四）當時有灌溉工程才能達成臺北盆地之初期開發。

（五）因人口繁聚而建高樓大廈，覆蓋溝渠成為伏流，使表流潛入溝渠，而無市區之氾濫，其功用仍然存在。

八田與一主持臺灣南部灌溉工程，規模相當宏大，加惠於臺灣南部農業生產，他為近代工程師，具有近代知識，且團隊工作非一人才智，只是妥善完成官方指派任務而已，故無甚可歌頌，其功績自不可與郭錫瑠同日而語。

李冰父子建築都江堰於四川灌縣，根除岷江之水患，灌溉成都平原成為天府之國，奠定秦、漢、蜀漢及民國抗日的基業。尤可稱讚者有五個方面：

（一）面積規模宏大，使成都平原無旱災氾濫之虞。

（二）無現代工具，全靠勞力完成。

（三）無鋼絲用竹條，無水泥用糯米糰。

（四）建壩二千多年無潰堤，無改渠道。

（五）截流處無泥沙淤積。凡此多為創舉，且為後世治水之典範。

荷蘭由海盜變成盜海，其思想轉變為世人所尊敬。歐洲國家地窄人稠，自文藝復興之後，以其先進之武器當海盜，搶奪土地，自然資源及勞工，使亞洲，非洲及美州居民深受其害。荷蘭回頭轉向，在本國填海擴充使用地，對外發

展觀光遊輪，雇用大批前殖民地之印尼人到遊輪工作，照顧以前殖民地百姓，可以說盜亦有道也。填海工程及其堤防、泵抽、擋潮為官方企業，乃集體創作，其效用有目共睹，舉世聞名。

卜一先生家住休斯敦，對於此地之颶風、豪雨所造成災害皆有詳細記述，唯歎息溝渠排水之瓶頸，而未提解決方案，實因在德州倡議基礎建設有所困難。休斯敦曾提議建地下鐵道，不但可疏通交通，且可節省上班時間，但議會不通過，因議員們為經濟盤算，認為無此需要。解決淹水之最有效辦法為挖掘地下河流，以疏導各地之降雨量，而注入大溝渠以通河海；以鑽石油之水準、器材及人員，可謂輕而易舉，但不可能被議會接納，故無人提議此迂闊題目。故欲完成偉大工程有天、地、人因素，非一腔熱血所願望也。這也是休斯敦水災層出不窮，無法解決的根源所在！

總而言之，本書首先論述臺北盆地地形及臺灣先民生活、文化發展，同時引證、比較世界著名的都江堰、荷蘭及休斯敦的治水工程，說明郭錫瑠父子艱辛勞苦、鍥而不捨，開鑿瑠公圳，促使臺北盆地後來居上，成為臺灣首善之地。郭氏父子對開發臺灣做出重大貢獻，而瑠公圳至今猶造福黎民，堪稱「興台之圳」！

2019年12月18日於美國休斯敦

自序

　　臺灣位於亞熱帶，氣候適中，物產豐富。因四面臨海，雖久通大陸，但文化進展遲緩。原住民刀耕火耨、滋養生息。及於明末漢人集眾渡海屯墾，篳路藍縷，以啟山林，精耕細作，始奠定發展基礎。近五百載歷經漢族移民、顏鄭開拓、荷蘭殖民、明鄭建制、清代經營、日據統治、國府光復遷台，以至如今昌盛繁榮，舉世矚目。

　　漢族移民開發臺灣始自南部，而臺北開發較晚。臺北盆地四面環山，大部分原為沼澤、溼地，僅由淡水河與海聯通，沖積平原土地肥沃，兼有交通、飲水、灌溉之便，最適於耕種、屯聚。人類的四大文明發祥地：兩河流域、尼羅河流域、印度河流域、黃河流域都是沖積平原。是以臺北盆地沖積平原乃臺灣最佳的農業、文化、經濟、政治發展地區。

　　開發沖積平原的要務在於興建水利以資灌溉與防洪，清代早期移民開發臺北盆地期間，即有民間人士出資修建水圳以擴大墾地。其中規模最宏大，工程最艱巨、開鑿較早，

而對開發臺北盆地和臺灣貢獻最大的首推瑠公圳。

筆者1949年隨父母去台時尚在童稚之年。時光荏苒，七十年已逝，如今猶記當年與小友徜徉於瑠公圳之畔，稻田青蔥，一望無際；而住家村落鄰近新店溪每當颱風暴雨總是洪水洶湧，氾濫成災，百姓流離。近年回台頻屢，只見青蔥農田已成林立高樓，瑠公圳也大部分覆蓋作為地下排水溝渠，而臺北洪水氾濫已不再現。瑠公圳已走過兩百多、近三百年漫長的歲月，完成了它灌溉臺北盆地的歷史使命，而轉換成大都會的地下排水、防洪系統。其重要性不減當年，繼續為臺北人民的福祉而川流不息！

筆者不揣譾陋，撰文以敘瑠公圳之豐功偉業：首述臺北盆地沖積平原之形成、史前時代原住民文化的演變，以及漢人移民與西方勢力入侵；繼之論及郭錫瑠為開發臺北東部鑿瑠公圳，導致臺北後來居上，成為臺灣首善之地、政治、經濟、文化中心。

筆者引證了中國古代偉大的都江堰和宏偉的荷蘭填海防洪工程；同時檢討了積年不斷、困擾百姓的休斯敦水患，說明了國府遷台以後在臺北防洪建設方面取得驚人的成果，而其基礎則始於兩三百年前瑠公圳提供的網狀灌溉、洩洪系統。臺灣水圳的發展、臺北盆地早期水圳發展及臺灣的水患三章則列於附錄供讀者參考。

郭錫瑠父子艱辛備嘗、鍥而不舍開鑿瑠公圳以利灌溉、防洪，造福世代人民福祉至今。其功績於臺灣，堪比李冰父子築都江堰功在四川。瑠公圳不愧為「興台之圳」，豐碑永照史冊！

　　史學家許倬雲教授學貫中西，精通東西方文化發展；針對臺灣史前及文明的演進、發展，多年來給予筆者諸多啟發與指教。老友翁和毓博士畢生從事地質工作，暢曉臺灣古代地質演變；其祖籍為泉州安溪，祖上遷往臺北大稻埕，勤儉刻苦，經商有成，並使其嫻熟臺北發展滄桑。他們二位給予筆者的教導、薰陶，使得筆者得到撰寫本書的基本條件，水利專家姚長春先生提供許多寶貴資料及建議，沈廣強先生為本書封面題字，老妻精心地對其中資料及文字核審，巢舒婷女士做文字校對，洪聖翔先生負責編輯，周怡辰女士圖文排版，謹此致謝！

卜一

2019年10月31日

CONTENTS

▎楔子

　　臺灣的開墾始自原住民的刀耕火耨，據史冊記載早在三國時期（西元220-280年）就開始受到中國的影響。及於明末漢人集眾渡海屯墾，近河溪水灌溉，精耕細作，奠定了農業發展的基礎。

　　臺灣位於亞熱帶，為四面臨海、高山縱貫的島嶼。夏季颱風頻繁，大部分地區雨季集中在5月到10月；11月到次年4月雨量較少，農作受到影響。臺灣有29條主要河流從高山傾瀉而下，水位變化迅速，大多時間許多河流水量稀少。臺灣水圳的修建源遠流長，早在漢人大批移民墾荒之前，原住民就沿河耕種，同時挖鑿近距離小溝渠引水灌溉，築小水池蓄水。

　　明末顏思齊、鄭芝龍率眾屯墾北港，鑿井飲用、引河水灌溉。荷蘭人據台期間，百姓利用天然池沼或鑿坑儲水，種植水稻。鄭成功收復臺灣後，設府屯田，就近河川引水灌溉二十餘年。清代早期移民逐漸增加，民間人士出

資修建水圳以擴大墾地。其中規模最宏大，工程最艱巨、開鑿較早，而對開發臺灣貢獻最大的首推臺北盆地的瑠公圳。

▌臺北盆地鳥瞰圖

　　臺北盆地位於臺灣北部，呈三角形，北依大屯山、七星山、車坪寮山（五指山）；西臨觀音山、林口臺地；東和南面為雪山山脈連綿。盆地地勢頗低，除山麓外，由東南向西北下斜，新店海拔最高，約23米，大直10.2米，臺北市中心區約7米，士林、北投5米，關渡平原1.4米，淡水河與基隆河的匯合處─社子中州西北端僅1米。如以海拔20米等高線計算，低於20米的盆地面積約150平方公里。

造山運動、火山爆發、盆地形成

臺北盆地的形成源遠流長、變化萬端。在上新世早期，由於菲律賓板塊撞擊歐亞大陸板塊，引發造山運動，臺北地區於200萬年前形成山脈，那時的淡水河流經山區，從泰山附近向西入海，林口成為沖積扇洲。

80萬年前在大屯山區形成盆地，使淡水河改向北流。80萬到40萬年前，大屯山發生一連串火山爆發，火山岩填滿盆地，使淡水河向西南遷移。同時新莊斷層上盤下滑，使臺北區的山地形成盆地；斷層下盤的林口扇洲逐漸上升，成為臺地。

臺北盆地形成後持續下陷，盆地面積乃不斷擴大。20萬年前，大屯山最後一波的火山噴發堵塞了關渡附近的淡水河出海口，使得臺北盆地成為一個很大的堰塞湖。

海平面升降

其後這個堰塞湖被沉積物填充，湖底迅速上升，淡水河重新入海，臺北盆地恢復為河川沖積平原。另外海平面變動主要因素是冰川變異，幾百萬年間隨冰期—間冰期的交替

海平面脈動降升。35,000年以前，海平面大致接近現在位置，末次冰期最盛期（約15,000~20,000年前），海平面約比現代海平面低130米左右，那時臺灣海峽消失，臺灣與大陸是連接的陸地。其後海平面逐漸上升到現代位置。六千年前，臺北盆地變成一個半淡水的海灣。從四千年前開始，海灣逐漸被沉積充填，恢復為盆地。

康熙年間大地震

直到康熙33年（1694年），台灣北部發生強烈地震，盆地西部下陷，海水倒灌，形成鹹水湖。但由於四面山嶺泄下的流

▌康熙年間臺北盆地因地震形成鹹水湖

水夾帶大量沙石，未久沙石淤積再度使海水退出盆地，形成如今南有新店溪、西有大漢溪（原大嵙崁溪）、淡水河、北有基隆河的沖積平原狀態。

淡水河及其三大支流

淡水河流域位於臺灣北部，流域面積2726平方公里，面積佔全台灣的7.6%，東北及西北以大屯山與觀音山等與北海岸相隔，東南以阿玉山、紅葉山等與蘭陽溪為界，西南以品田山、

淡水河出海口和觀音山

大霸尖山等與大甲溪、大安溪、頭前溪諸溪為鄰。流域地勢由南向北逐漸朝下傾斜，流域內著名的山岳有四堵山（海拔933公尺）、烘爐地山（海拔1166公尺）、阿玉山（海拔1419公尺）、樓蘭山（海拔1942公尺）、巴博庫魯山（海拔2101公尺）、塔曼山（海拔2130公尺）、拉拉山（海拔2030公尺）、北插天山（海拔1740公尺）、南插天山（海拔1907公尺）、李棟山（海拔1913公尺）及大霸尖山（海拔3505公尺）等，森林資源豐富。

淡水河流域上游海拔起伏，自南勢溪的五百餘公

尺，到大漢溪的三千餘公尺不等。流域之平均年雨量為
2966.1mm，豐水期在五至十月，雨量約為1883.5mm，
佔全年總雨量之63.5％，枯水期十一至四月，雨量約
1082.6mm，佔全年總雨量之36.5％，各月雨量分配相當均
勻。由於降雨充沛，季節分配穩定，全年無明顯的乾旱季
節，故造成淡水河全年穩定的流量。

　　淡水河水系主要由大漢溪、新店溪及基隆河三大支流
匯集而成，並以大漢溪為幹流，同時也是最大的支流，三大
支流分別由南、東、北三個方向流進臺北盆地。大漢溪與新
店溪合流點位於板橋區江子翠，匯合後以下河段稱為淡水河
本流，也就是狹義的淡水河。大漢溪與新店溪匯流後，河面
相當寬闊，由上游至下游依序分別經過中興橋、忠孝橋、臺
北大橋、中山高速公路淡水河橋及重陽橋，右岸經過臺北市
萬華區、大同區、士林區社子等地，而左岸則經過三重區與
蘆洲區等地。其中一座被稱為「臺北島」、約30多公頃（10
萬坪）大的沙洲島位於淡水河中興橋及忠孝橋之間。

　　淡水河流至關渡、五股附近，基隆河由東而來匯入。
交匯之處的五股獅子頭附近河寬約550公尺。過了關渡與獅
子頭隘口後，淡水河河床豁然寬闊，直至淡水河口一帶寬度
達1,250公尺。

　　淡水河下游呈弧狀向西北方而流，下游右岸為淡水

區，境內源自大屯火山群之諸溪流中，竿蓁林溪、黃高溪、鼻頭溪、莊子內溪及米粉寮溪等小形溪流注入淡水河。下游左岸為八里區，境內有發源自觀音山並注入淡水河的短淺小溪溝，包括西門溝、烏山頭溝、蛇子形溝、艋舺溪等，大多溪短而水少。出海口右岸位於淡水區沙崙與油車口附近，出海口左岸位於八里區挖子尾，最後注入臺灣海峽。從江子翠至油車口的淡水河主流長度約為23.7公里，若由發源地品田山到出海口長約158公里，出海口年平均逕流量約為66億立方公尺。

大漢溪

　　大漢溪，原名大嵙崁溪，為淡水河的主流。其最遠源流名為塔克金溪（泰崗溪），位於新竹縣尖石鄉境內，先向東北後轉西北流，與另一支流薩克亞金溪（白石溪）匯合後，改稱馬里闊丸溪（玉峰溪），再往北轉東流至

▋ 大漢溪

桃園市復興區境內,與另一支流三光溪匯合後始稱為大漢溪。隨後往北流入石門水庫,經鳶山堰後納三峽河,成為板新水廠的供水來源,流到江子翠(港仔嘴)匯流新店溪,合稱淡水河。

新店溪

新店溪長81公里,流域面積921平方公里。主流上源為北勢溪,發源於雙溪區海拔700米的鶯子嶺北側,向西流至新店區龜山匯合支流南勢溪後,始稱為新店溪。合流後往北流經屈尺、直潭、新店,在景美附近;與景美溪匯合,向西北流至江子翠與大漢溪交匯,成為淡水河。

新店溪四周被雪山山脈環抱,上游兩岸山巒、峽谷起伏,溪水沖刷淤積,形成多處蛇行(S形)曲流,和有礫石

▌新店溪

淺灘的「瀨」、平闊水深的「潭」。流至新店碧潭始進入臺北盆地，山坡地面積佔全部流域面積的89%，集水面積遼闊，地形落差大，氣候潮濕多雨。

基隆河

　　基隆河發源於新北市平溪區的分水崙，但其水系最遠源流則為其支流芉蓁林溪，發源於獅公髻尾山（又名火燒寮山）東偏北側，標高約560公尺處。水系河長約96公里，流域面積約493平方公里。主流從新北市平溪區起始後，流經新北市瑞芳區，進入基隆市的暖暖區與七堵區、新北市汐止區，進入臺北盆地，流經盆地北側的南港、內湖、松山、中山、士林、大同、北投等區，最後於社子北端及關渡匯入淡水河。

■ 基隆河

第二章：

臺北盆地的開發過程

1、古代居民與文化變遷

舊石器時代

　　根據考古學家的研究，臺灣的舊石器時代以東南海岸的「長濱文化」和西北部紅土臺地的「網形文化」為代表。但也有的學者認為網形文化應歸類於長濱文化類型。長濱文化發現於1968年，在台東縣長濱鄉的八仙洞挖掘出舊石器時代的石器和骨器。1971年在台南左鎮菜寮溪發現2到3萬年前的「左鎮人」的頂骨、額骨、枕骨和牙齒等標本，這是迄今臺灣發現的最早的人類化石。

▌芝山岩發現的舊石器時代礫石砍器

如今發現在臺北盆地最早的人類活動遺跡是約一萬多年前、舊石器時代晚期的網形（長濱）文化，在盆地邊緣的坡地或鄰近地勢較高的臺地，譬如在林口粉寮水尾與芝山岩兩地，發現少量的礫石砍器（手鑿或原形手斧）。但一直沒有找到相應的地質文化層，據推測這些石器並非在當地製造，而是當時其他地區的人到此淡水河畔活動，捕魚、打獵、採集時留下的工具。這就說明在舊石器時代，臺北盆地還沒有定居的人類。

新石器時代

大坌坑文化

　　六千多年前的新石器早期，臺北盆地中湖水逐漸退出，盆地邊緣乾涸形成陸地。臺灣至今已發現的最早

▌大坌坑文化遺址

新石器時代文化是6500-4500年前的大坌坑文化。該文化最先在淡水河口附近的新北市八里鄉大坌坑被發現，其遺址主要分布在如今五股—關渡—圓山—芝山岩一線海拔10-40米的盆地邊緣山麓地帶。考古學家認為當時的人群是沿著盆地邊緣進入盆地，定居於地勢較高的坡地或小丘，依山為生、靠水為田，形成小型聚落。除了漁獵外，可能已經有種植根莖類作物，臺北盆地開始有雛形農業。考古學家張光直先生稱大坌坑文化為「富裕的食物採集文化」，與閩江口以南到雷州半島附近之間的中國東南沿海地區的新石器文化相似。

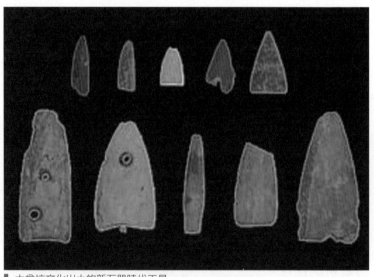

▌ 大坌坑文化出土的新石器時代工具

汎塘埔文化

　　約四千年前的新石器時代中期，大坌坑文化的晚期可能因為從大陸傳入稻米耕作，加之其他因素，逐漸轉變為汎塘埔文化。該文化層最早在新北市八里鄉被發現，其後在芝山岩、萬里、圓山、植物園、金山、三芝鄉、關渡、北投、土城，甚至桃園、宜蘭均發現這個文化層。出土的陶器為繩紋紅陶，汎塘埔文化與臺灣其他地區的繩紋紅陶文化時代相同，但具有其地方色彩。汎塘埔文化最重要的特點乃是臺灣稻米作業之始，提供了臺灣農耕發展的條件。

芝山岩文化

▌芝山岩文化遺址

　　臺北盆地從四千年前開始，海灣逐漸被沉積充填，周邊逐漸成為沼澤與陸地，人群的文化也逐漸變遷。到了3600-3400年間，發展成為一個新的文化—芝山岩文化。這個文化的特徵是湖岸生計為主、種植漁獵並重。其陶器相當精美，以灰黑色和紅褐色為主。石器多以農具為主；而大

▋ 芝山岩文化遺址挖掘現場

▋ 芝山岩文化出土的新石器時代工具

量的鹿、豬、羌、魚殘骸說明當時漁獵還是十分盛行。關於
這個文化的起源，部分學者，譬如黃士強先生，認為來自浙
閩一帶的大陸沿海；但也有人認為是從上階段轉變而成的地
區性演化。

圓山文化

3200-2300年前的圓山文化的主要遺址在淡水河、新店
溪和基隆河兩岸河谷：圓山、芝山岩、關渡、劍潭、延吉
街、八里、五股、中和等地均有發現。出土的文物顯示農具
所占比例較高，漁獵工具較少；陶器大多是淺褐色夾砂陶，
富有地方性色彩。據推測當時已有進步的農業，種植稻米等
種子植物；但也狩獵鹿、山豬等陸上動物和撈捕河、海的

魚、貝為食。已有較成熟的社會組織和信仰儀禮，身前有拔牙的習俗，死後有陪葬的玉器。在大坌坑遺址的圓山文化層中出土了銅鏃，其形制與安陽小屯殷墟出土的兩翼長脊實鋌形鏃相同，而與東南亞青銅鏃差別很大。在臺灣本島內，圓山文化可能和宜蘭的丸山文化與東部的花岡山文化、卑南文化有貿易、戰爭、獵頭等交往。圓山文化和其前的文化有顯著的差異，說明有外來族群的入侵。這些移民可能是從大陸廣東沿海韓江流域一帶遷來。

圓山文化土地公山類型

棲息於河谷，以魚、貝為重要生活資源的圓山文化族群經歷數百年發展後，逐漸向臺北盆地的東南部平原邊緣和丘陵地發展遷移，於2800-2300年前產生了一種新文化類型——圓山文化土地公山類型。其分布範圍包括從板橋到大溪之間的大嵙崁溪右岸，景美到坪林之間的新店溪流域，以及上述兩溪之間的臺北盆地東南側。主要的遺址有土地公山、火燒樟、苗圃、鵠尾山、六張犁等地。遺址一般位於高出平原10-20米，較平緩的小山丘頂。

土地公山遺址出土的陶器以淡褐色、褐色而夾砂陶為主。而且發現少量來自大嵙崁溪對岸樹林狗蹄山遺址的淺褐

色細砂陶，可見當時這兩個族群有交流來往。出土的石器多為生產工具，但也有少量裝飾品。這些裝飾品都是用臺灣東部出產的軟玉或蛇紋岩製成，顯示當時臺灣西北部與東南部不同的文化之間互為影響。

從使用的生活工具看來，土地公山類型的人依然繼續在溪流中捕魚，但已缺少圓山文化中大量的貝類食物。在耕作方式上也採取了適應丘陵地區的燒墾方式。人群持續地向大嵙崁溪東岸及新店溪中上游遷徙。但並沒有越過大嵙崁溪到西岸的樹林、新莊、五股、泰山等臺北盆地西南側地區。主要原因是當時這一帶已有另一種不同文化—植物園文化的人群。

植物園文化

3000-1800年前的植物園文化和土地公類型文化同為臺北盆地內新石器時代最晚期的史前文化。此文化又可分為早期和晚期兩階段。早期階段時間為3000-2500年前，發現於芝山岩、劍潭、潭底、十八份、大坌坑等

樹林狗蹄山遺址出土的植物園文化陶石器

地；晚期階段距今2500-1800年，為學術界統稱的植物園文化，分布於臺北盆地南部、大嵙崁溪西岸地區。主要有臺北市植物園、建國中學、樹林狗蹄山、潭底、新莊營盤口、大坌坑等遺址。而在新店溪上游畔的水源地、景美、圓山、劍潭、芝山岩均見到此文化的陶片零星分布。出土石器類型繁多，其中以農具為主，而大型農具很多，漁獵用具很少，沒有骨角器，可見生計主要是靠農耕。植物園文化的陶器為「方格印紋厚陶」，與大陸東南沿海的「幾何形印紋軟陶」相似，有可能受其影響或由移民引進。新石器晚期，臺北盆地地形變遷很大，幾乎完全陸化，提供廣大的沖積平原可供人群生息。使得發展的族群相當複雜，也加速了文化的發展及變遷。

金屬器時期

十三行文化

從一千八百年前開始，在台北盆地西北的出海地區（今八里）的十三行遺址中雖只有少量的青銅器，但找到鐵器和煉鐵作坊。這時臺北盆地已進入金屬器時代，提供了發展農業的有利基礎。日據時代末期即發現了十三行文化，同

時在臺北盆地的社子、六張犁、水源地以及北部海岸發掘大量瓷器、玻璃、金屬等，同歸於十三行文化。近年來更多的遺址被發現，使得人們對臺灣金屬器時期有更進一步的瞭解。考古學家劉益昌先生認為臺灣北部金屬器時代十三行文化的興起，是植物園文化晚期受到外來金屬器製造技術傳入的影響逐漸轉變而成。其中心可能在淡水河口到臺北盆地西北部。這個區域也是植物園文化與十三行文化重疊的區域。其文化轉變的時間可能在2000-1800年前。

　　劉益昌先生把十三行文化分為早、中、晚三個不同的發展階段。早期主要在1800-1000年前，這個時期臺北盆地人群的生計主要是煉鐵、耕種、捕魚、伐木、行舟；當時和臺灣東部、中部、宜蘭的族群有來往，和大陸東南沿海地區也有交流。

▌新北市八里十三行博物館

從1000年前開始改變，到850-800年間進入中期，一直延續到500年前。這一階段主要是迎來送往、以易有無，從大陸引進大量南宋、元、明的陶瓷及各種製造器物。晚期發生在500年前到400年前大批漢人移民及西方殖民來到，甚至延伸到大批漢人移民以後。這一階段出土的多為安平壺、青花瓷、煙斗、瑪瑙等物品。可見十三行文化時期臺北盆地與大陸的交流是其發展的主要因素。但在臺灣其他的丘陵、高山地區的居民因金屬器有限，仍然需要使用大量石器。這種情況直到相當晚期依然存在。所以就全臺而言，這個階段也可稱為金屬器與金石並用時代。

史書記載的原住民與漢族來台

　　現在有一種論說把臺灣的「史前時代」定為四百多年前西方人或日本人見到、來到臺灣作了文字記載以前。這種論說頗值爭議，事實上在中國的史書中，最早在第一世紀的《漢書‧地理志》就寫道：「會稽海外……有夷州和澶州。」而從第三世紀的三國時代開始，漢族就來到夷州（夷洲、今臺灣），其後隋、唐、宋、元、明不斷，均載於史冊。東漢、三國、兩晉、南北朝時，臺灣被稱為夷州；隋、唐、五代、北宋、南宋稱為流求；元代改為琉球；明初稱小

琉球，明朝中葉官方稱為「東番」，民間對臺灣的稱呼很多，如「雞籠」（指臺灣北部）、「北港」（臺灣西部沿海的通稱）、「大員」、「台員」。「臺灣」名稱來源出自台南安平的平埔族原住民西拉雅族「台窩灣」社的社名，意為濱海之地，明朝萬曆年間官方正式啟用「臺灣」一詞。

《三國志·孫權傳》記載：「二年春正月，……遣將軍衛溫、諸葛直將甲士萬人，浮海求夷洲及亶洲。亶洲在海中，……，其上人民，時有至會稽貨布，會稽東縣人海行，亦有遭風流移至亶洲者。所在絕遠，卒不可得至，但得夷洲數千人還。……三年春二月，……衛溫、諸葛直皆以違詔無功，下獄誅。」乃是說三國東吳黃龍二年（230年）正月，孫權派衛溫、諸葛直帶領上萬士兵出海去夷洲、亶洲（亦為澶洲），想要俘虜那裡的人民以充實東吳的人口及兵員，卻遭到陸遜和全琮的極力反對，但孫權不聽。衛溫和諸葛直抵達夷洲，帶了幾千名夷洲的人回到東吳；但在那裡士兵們因為疾病（註：可能是瘧疾）死去了十分之八、九。孫權為了掩飾自己的過錯，假借衛溫和諸葛直違背詔令的名義，把二位將軍關進監獄，隨後處死。衛和諸葛二位蒙冤而死，但在歷史上留下漢人開台壯舉的不朽英名。

當時隨軍去夷洲的東吳丹陽太守沈瑩著《臨海水土志》，其中記載：「夷州，又稱「夷洲」，在臨海郡東南，

去郡二千里。土地無霜雪，草木不死。四面是山，眾山夷所居。山頂有越王射的正白，乃是石也。此夷各號為王，分割土地，人民各自別異，人皆髡頭，穿耳，女人不穿耳。作室居，種荊為蕃鄣。土地饒沃，既生五穀，又多魚肉。舅姑子父，男女臥息共一大床。交會之時，各不相避。能作細布，亦作斑文布，刻畫其內有文章，以為飾好也。其地亦出銅鐵，惟用鹿觡為矛以戰鬥爾。磨礪青石以作矢鏃刃斧，環貫珠璫。飲食不潔。取生魚肉雜貯大瓦器中，以鹽鹵之，曆月余日乃啖食之，以為上肴。呼民人為「彌麟」。如有所召，取大空材，材十余丈，以著中庭。又以大杵旁舂之，聞四五裡如鼓。民人聞之，皆往馳赴會。飲食皆踞相對，鑿床作器如稀槽狀，以魚肉腥臊安中，十十五五共食之。以粟為酒，木槽貯之，用大竹筒長七寸許飲之。歌似犬嗥，以相娛樂。得人頭，斫去腦，剝其面肉，留置骨，取犬毛染之以作鬚眉髮編，具齒以作口，自臨戰鬥時用之，如假面狀，此是夷王所服。戰，得頭，著首還。于中庭建一大材，高十余丈，以所得頭差次掛之，歷年不下，彰示其功。又甲家有女，乙家有男，仍委父母，往就之居，與作夫妻，同牢而食。女以嫁皆缺去前上一齒。」

有的史學家懷疑孫權大軍去的是今日的琉球，而不是臺灣，但筆者認為從《臨海水土志》記載：（1）「四面是

山，眾山夷所居」，這種地貌符合臺灣，而琉球山嶺很少；（2）「夷洲在東南兩千里」，而《元史‧琉求傳》（二百十卷）中寫道：「琉求，在南海之東」；由此可以確知「夷洲」即今日臺灣；（3）孫權派去臺灣的士兵因為疾病死去了十分之八、九。同樣的問題其後在德川家康派兵侵略臺灣、鄭成功收復臺灣、牡丹事件日本派兵侵臺幾次都曾發生。根據現代醫學病理學家的研究，臺灣過去是世界上瘧疾病患最嚴重的地區之一，而琉球沒瘧疾的問題。因此推斷這諸次事件都應該是由於臺灣的瘧疾造成。（4）「戰，得頭，著首還。於中庭建一大材，高十余丈，以所得頭差次掛之，歷年不下，彰示其功。」這種「獵頭」的習俗，只有在臺灣及婆羅洲等南島系統才有，而琉球是絕對沒有的！

這些地貌、地理位置、瘧疾病患和獵頭的習俗都說明夷洲不可能是如今的琉球，而符合於臺灣，是以孫權大軍去了臺灣而非如今琉球是肯定無疑的！

第七世紀的《隨書‧陳棱傳》和《琉球國條》記載從大業三年（607年）到六年（610年），隋煬帝三度派遣朱寬、陳棱、張鎮周前往臺灣（時稱琉求）。特別是最後一次，出動兵眾萬余人從義安郡（今廣州、潮州一帶）出海，經澎湖群島登陸臺灣，在今日豐原一帶擊敗其王歡斯渴刺兜所率部眾，「虜男女數千人而歸」。只惜隋煬帝不久喪國，

經略臺灣遂無人後繼。

　　對於當時臺灣居民的生活方式，《隨書》上記載：「先以火燒，而引水灌之，持一插，以石為刃，長尺餘，闊數寸而墾之。土宜稻、粱、黍、麻、豆等」；「以木槽中，暴海水為鹽，木計為酢，釀米麥為酒。」；所用武器「有刀鞘、弓箭、劍鈹之屬。其處少鐵，又皆薄少，多以骨角輔助之。」說明當時臺灣居民還是以漁獵和較原始的農業生產為生。

　　另外《隨書》還提到：「琉球人初見船艦，以為商舶，往往詣軍中貿易。」可見在隋代時已常有商船從大陸到臺灣與當地居民通商貿易。唐代有施肩吾居澎湖的傳說。連橫在其《臺灣通史》中引申此說。雖有爭論，但至少說明在唐代民間對臺灣、澎湖都有相當的認識、來往。

　　南宋偏安江南，民間與臺灣有更多的來往。陸游多年在福州任職，曾任「提舉福建路常平茶鹽」，主管茶、鹽事物，寫了一首詩——《感昔》：「行年三十憶南游，穩駕滄溟萬斛舟。常記早秋雷雨霽，柂師指點說流求。」說明了南宋時福建與臺灣貿易頻繁。南宋時泉州對外貿易繁盛，澎湖成為泉州航行去呂宋（今菲律賓）的中轉站，大陸漁民也經常到澎湖捕魚或停留。又據趙適著《諸番志·琉球國》敘述：「旁有毗舍耶，……，泉有海島曰彭湖，隸晉江縣，與其國密邇。」《宋史·汪大猷傳》記載：「汪大猷……，起

知泉州。毗舍耶嘗掠海濱居民，歲遣戍防之，勞費不貲。大猷作屋二百區，遣將留屯。——毗舍耶面目黑如漆，語言不通。」可見當時宋朝已在澎湖屯兵。至於在宋代經常侵犯福建臨海居民的毗舍耶人，有的學者認為是菲律賓土著，也有人認為是臺灣南部的小黑人原住民。

元代在澎湖設置巡檢司，也曾派使招諭「琉球」（今臺灣），擒130餘人而還。當時旅行家汪大淵隨商船遊歷南洋數十國，寫成《島夷志略》，其中對澎湖、臺灣當時人民生活狀態敘述甚詳：「澎湖土瘠不宜禾稻，泉人接茅為屋居之。——，煮海為鹽，釀秫為酒。采魚蝦螺蛤以佐食，蓺牛糞以爨，魚膏為油。地產胡麻、綠豆。山羊之孳生數萬為群，——。土商興販，以樂其利」；「琉球土潤田沃，宜稼穡。氣候漸暖，俗與彭湖差異。水無舟楫，以筏濟之。——煮海水為鹽，釀蔗漿為酒。知番主酋長之尊，有父子骨肉之義，他國之人倘有所犯，則生割其肉以啖之，取其頭懸木竿。地產沙金、黃豆、黍子、硫黃、黃蠟、鹿、豹、麂皮。貿易之貨，用土珠、瑪瑙、金珠、粗碗、處州瓷器之屬。海外諸國，蓋由此始。」可知當時臺灣和大陸的通商不斷，也是大陸商舶往來南洋各國經常停留之處。

明初朱元璋撤銷澎湖巡檢司，並頒佈海禁，影響到臺灣與大陸的貿易，延緩了臺灣的發展。鄭和七次下西洋，但

認為臺灣「地乏奇貨」，沒有成形、有力的政治勢力，遂沒有造訪。

雖政府不鼓勵，但大陸與臺灣往來以及臺灣的開發的任務轉而由海盜承擔。與倭寇侵擾和西方航海的同時，大陸沿海出現許多擁有武裝和經濟實力的海上貿易集團，他們亦盜亦商，多以澎湖為根據地，活躍海上，後被明軍所逼，轉入臺灣。其中規模最大的有汪直、林道乾、林鳳和顏思齊、鄭芝龍。明朝水師為追剿海盜、倭寇，曾多次進軍臺灣。

據1602年隨沈有容追擊倭寇到臺灣的陳第在《東番記》說：「東番夷人不知所自始，居彭湖外洋海島中。起魍港（北港）——大幫坑（八里），皆其居也，——種類甚蕃，別為社，社或千人，或五六百。無酋長，子女多者眾雄之，聽其號令——故生女喜倍男，為女可繼嗣，男不足著代故也。性好勇喜鬥，鄰社有隙則興兵，期而後戰。疾力相殺傷，次日即解怨，往來如初，不相讎。所斬首，剔肉存骨，懸之門，其門懸骷髏多者，稱壯士。——交易，結繩以識，無水田，治佘（註：火耕）種禾，山花開則耕，禾熟，拔其穗，粒米比中華稍長，且甘香。采苦草，雜米釀，間有佳者，豪飲能一鬥。——穀有大小豆、有胡麻、又有薏仁，食之已瘴癘；無麥。蔬有蔥、有薑、有番薯、有蹲鴟（註：芋頭），無他菜。果有椰、有毛柿、有佛手柑、有甘蔗。畜

有貓、有狗、有豕、有雞，無馬、驢、牛、羊、鵝、鴨。獸有虎、有熊、有豹、有鹿。鳥有雉、有鴉、有鳩、有雀。山最宜鹿，儦儦俟俟，千百為群。……居山後，始通中國，今則日盛。漳、泉之惠民、充龍、烈嶼諸澳，往往譯其語，與貿易；以瑪瑙、磁器、布、鹽、銅簪環之類，易其鹿脯、皮角。」這篇文章把十七世紀初臺灣居民的社會、生活、風俗描繪得十分細緻。

原住民族群

根據現代人類學家分類及臺灣政府審定，臺灣原住民可分為「高山族」及「平埔族」兩大類。前者居住在山區及臺灣東部，有阿美族、排灣族、泰雅族、布農族、卑南族、魯凱族、賽夏族、曹族、雅美族、邵族、賽德克族、太魯閣東賽德克族、撒奇萊雅族、拉阿魯哇族、卡那卡那富族等15個族群。後者則包括原居於臺灣北部和西部平原，現已與漢族同化，幾近消失的9個族群：凱達格蘭族、噶瑪蘭族、道卡斯族、巴則海族、巴布拉族、貓霧捒族、洪雅族、西拉雅族、和猴猴族。

綜觀臺灣原住民到明代晚期還處於原始社會階段，以漁獵及較原始的農耕為生。分散為許多部落，各自為政，沒

能形成較大，具有國家規模的政治組織。雖然大陸百姓與臺灣人民一直有貿易、經商、漁業來往，也以臺灣為航行的中途站，中國政府在東吳、隋朝兩度派眾軍經營臺灣，南宋及元代並在澎湖設置統治機構，只惜明代之初放棄進一步對臺灣的交流、經營與開發，延緩了臺灣的進步。直到明代中晚期才為海盜駐紮、開發，隨後迎來了西方殖民主義的東進，也激發了大陸沿海漢人移民臺灣的時潮。

2、臺灣文明的曙光

　　鄰近中國大陸的琉球、菲律賓、婆羅洲等海島，具規模性的漢人移民遠較臺灣為早，也導致當地文明發展較早。為什麼漢人大批移民臺灣遲緩？這是個很有意義的問題。論者有「黑潮阻隔說」、「臺灣山川險阻說」、「瘧疾襲人說」、「地乏奇貨說」、「中國閉關自守、海禁說」等等，爭論不息。愚見以為應該是由多種因素綜合造成。

　　中國在三國和隋朝兩度動用萬名將士過海經略臺灣，都成效不彰，不能繼續。以至其後直到明末、清初再也都沒能有大規模的政府行為經營臺灣。

　　明初朱元璋頒佈禁海令，阻礙了民間與臺灣的來往，百餘年後西力東漸，葡萄牙人、西班牙人、荷蘭人的商船、戰艦橫行遠東海域，中國、日本的海盜亦商亦盜，與明朝政府抗衡，也與西方船艦通商、戰鬥。在大航海時代，中國與西方大部分的貿易、文化交流的歷史任務由於明政府海禁，只得由民間、海盜承擔了！

▎北港天后宮

　　臺灣地理位置突出，居於遠東航道要衝，自然成為眾所矚目，競爭所在。十七世紀初，明末之際，臺灣出現了顏思齊和鄭芝龍、荷蘭人、西班牙人三個實力強大的外來勢力。

顏鄭集團

　　顏思齊和鄭芝龍原在日本平戶與松浦藩合作對中國的貿易，亦商亦盜，後脫離松浦藩，獨立門戶，於1621年率眾到臺灣北港。當時臺灣已有不少由福建泉州、漳州遷來的漢人，許多人趁此投奔顏鄭集團，顏鄭勢力逐漸強大。1622

年，顏思齊去世，鄭芝龍繼承領導，劫富濟貧，安置大陸移民開拓北港鄰近地區（今雲林、嘉義），深得人心，歸附者日眾，有萬餘黨徒、數千船艦，縱橫東南海上，與荷蘭人、西班牙人時戰時和。

1628年，鄭芝龍借助明朝政府海師，消滅劉六、劉七等諸多海盜，壟斷了海上貿易，而就撫於明政府，實力更為壯大。崇禎初年（1628-1631年），福建旱災嚴重，鄭芝龍召集流亡達三萬人，載往臺灣，給予耕牛、農具、粟、稻，令其墾荒，聲勢益振。

1645年，清兵南下，鄭芝龍原在福州擁立唐王，次年經其同鄉洪承疇勸降，歸順清朝，被軟禁北京，封同安侯。1655年入獄，1661年被滿清斬首。鄭芝龍離開福建北去後，臺灣餘眾瓦解，開墾基業終被荷蘭人接收。

綜觀顏思齊、鄭芝龍率萬餘黨徒來台開發，後擴大到三萬人，是從三國孫權派衛溫、諸葛直，隋煬帝三度派遣朱寬、陳棱、張鎮周前往臺灣之後，近代漢人最大規模的經略臺灣。施琅於1683年夏平定明鄭後，到臺灣親臨鄭成功祠拜祭，其祭文曰：「自同安侯（註：指鄭芝龍）入台，臺地始有居民，逮賜姓（註：指鄭成功）啟土，世為巖疆，莫可誰何！」肯定了鄭芝龍開啟臺灣之功，以及鄭成功三代奠定開發臺灣的偉業。連橫在其《臺灣通史》序中道：「臺灣固無

史也。荷人啟之，鄭氏作之，清代營之，開物成務，以立我
丕基。」愚見以為以歷史發展的觀點，應該是「顏鄭啟之，
荷人繼之，明鄭作之，清代營之，……」才較正確。如本文
前述，當航海大發現，西力東漸之際，明朝政府大多時候採
取海禁，把與西方來往、貿易，以至於開發臺灣的重任交付
於「亦盜亦商」的「海盜」們，顏思齊、鄭芝龍應時而興，
率閩南百姓渡海，開啟了臺灣的文明。我們不可以「盜匪」
視之！

▋ 北港溪與北港鎮

▌北港鎮的開台先賢顏思齊紀念碑

▌淡水西班牙紅毛城

西班牙人佔領臺灣北部

　　西班牙人從哥倫布於1492年發現新大陸開始，其殖民的重心在南、北美洲。麥哲倫在環航世界時於1521年到了菲律賓，不幸在那裡被土著殺死，而其手下繼續航行完成壯舉。五十年後，西班牙人正式殖民菲律賓，積極發展對中國、日本的貿易。臺灣居於菲律賓前往中、日的航道中，西班牙人多次圖謀在臺灣設立據點，但荷蘭人捷足先登，1624年佔領臺灣南部。西班牙人感到威脅，遂於1626年從馬尼拉出發，沿臺灣東部海岸向北航行，經三貂角，佔領雞籠嶼

（今基隆和平島），築城堡，設炮臺，派兵防守。1631年佔領臺灣西北角的滬尾（今淡水），次年沿淡水河進入臺北盆地，又進佔蛤仔難（今宜蘭），盤踞整個臺灣北部沿海地區。

西班牙人以雞籠（今基隆）為馬尼拉與中國通商的轉口中心，但受到鄭芝龍的抵制，商務進展有限；在對日本的貿易上也被荷蘭人阻止。另外西班牙人在臺灣北部侵犯原住民生活，一再受到原住民的反抗。當時菲律賓的穆斯林教徒反抗西班牙殖民統治，西班牙缺乏人力、財力鎮壓暴動，遂主動放棄淡水據點並調遣部分雞籠駐軍回馬尼拉。

荷蘭人得知西班牙人忙於鎮壓菲律賓暴動，無法兼顧臺灣，遂於1642年進攻雞籠。西班牙守軍無力抵抗，只得投降，結束了在臺灣北部16年的盤踞。形格勢禁，使得西班牙人在臺灣建樹不多，除了建天主教堂，派神父向原住民傳教外，也沒有設置行政機構。特別是西班牙人雖進入臺北盆地，但沒有在那裡設立機構，也沒有對臺北盆地的農業推動發展。

荷蘭人殖民統治臺灣

十六世紀後期，荷蘭人繼葡萄牙、西班牙人之後稱霸海上。他們於1598年來到遠東，1602年在巴達維亞（今雅加

達）設立荷蘭印度公司，並佔據印尼，積極準備展開對中國、日本的貿易。1604年，荷蘭船艦進駐澎湖，被明朝沈有容率福建水師擊退。1609年，荷蘭艦隊抵達日本平戶，開始對日通商。1622年夏，荷蘭艦隊登陸澳門，欲從葡萄牙人手中奪取澳門以為在中國通商據點，但遭到葡萄牙守軍痛擊，以失敗告終。遂轉而再度入侵澎湖，派人向福建當局談判要求互市不果，經過七個多月的戰鬥，荷蘭兵力不足，只得於1624年9月轉而入侵臺灣南部，在一鯤身大員（今安平）建熱蘭遮城（紅毛城）作為佔據臺灣的首府城堡。次年在赤崁（今台南）修建普羅文迪雅樓（赤崁樓），設立倉庫、商館、醫院，作為貿易基地，並邀請中國商人移民居住。建立熱蘭遮與赤崁後，荷蘭人繼續征服附近的原住民，擴大其佔領區，逐步將勢力發展到北至諸羅（今嘉義），南到阿猴（今屏東）的臺灣南部領土。

荷蘭在安平的熱蘭遮城（紅毛城）

荷蘭在台南的普羅文迪雅樓（赤崁樓）

　　1642年，荷蘭人驅逐盤踞臺灣北部的西班牙人；1646年，鄭芝龍被清朝挾往北京，其臺灣餘眾瓦解，開墾基業被荷蘭人接收。至此，荷蘭殖民最盛時期佔據臺灣西部沿海平原，統治315社，估計當時臺灣的人口，原住民約十萬，移民來的漢人約四、五萬。而駐守臺灣的荷蘭兵士僅一千餘人，最多也只很短期地達到三千五百人。

　　荷蘭人殖民臺灣，以土地為其國王所有，實行「王田制」，漢族及原住民的農民成為荷蘭印度公司的佃農；並不斷招募大陸移民來台墾荒，按「甲」（如今猶使用的土地面積單位）繳納租稅。當時臺灣漢族移民務農的主要農產品是稻米和蔗糖，荷蘭人獲得這些農產品，將蔗糖輸往日本，稻米輸往大陸，奠定了臺灣農業的兩大主要基業。荷蘭人要求原住民各社推舉長老（頭目），聽荷蘭人命令處理事務，並向荷蘭派駐的政務官報告社中情況。每年召集各社長老到赤崁開會，詢問政績，宣布命令。在各地設教堂、學校，籠絡、教化原住民；用舶來的布匹、鹽、鐵、煙草等換取原住民的狩獵和農業產品，將鹿角、鹿脯、藤等輸往大陸，鹿皮輸往日本。

　　值得一提的乃是荷蘭人從印度運到臺灣大量的鴉片，轉銷福建、廣東，獲取暴利。這比十九世紀鴉片戰爭前英國人向中國販賣鴉片要早了好幾百年。荷蘭人以得到的農業、

狩獵產品進行出口貿易。從中國、荷蘭及其他南洋地區輸入大宗日用品，同時也以臺灣為中轉站進行貿易。這樣使得臺灣的農業和貿易取得相當的發展，臺灣已不再是「地乏奇貨」的狀況。

鄭成功收復臺灣、三代經營

鄭成功於1645年規勸其父鄭芝龍不可降清不果，乃自立門戶，開展反清復明的壯舉。1650年以廈門、金門為基地，發展海上實力。1659年，率大軍北上，入長江抵達南京，戰敗後退回金廈。為確保海上貿易、開拓資源，乃決心收復其父鄭芝龍與顏思齊最早經略的臺灣，作為繼續反清復明的根

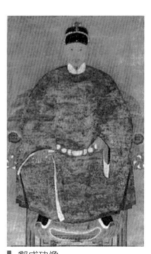

■ 鄭成功像

據地。1661年5月攻克赤崁，圍困熱蘭遮，同時立即改臺灣為東都，在赤崁設承天府（今台南），轄天興（今台南以北地區）、萬年（今台南以南地區）兩縣，並設安撫司於澎湖。下令：「創造田宅等項，以遺子孫計。但一勞永逸，當

以己為經營，不准混侵土民（原住民）及百姓（指漢人移民）現耕物業。」將其部眾分派各地開墾，實行屯田政策。

　　鄭成功圍攻熱蘭遮九個月，最後荷蘭人投降，結束了在臺灣三十八年的統治。只惜他享年不久，五個多月後就去世了。其子鄭經繼位，兩年後金廈兩島被清軍攻佔。鄭經回台，任用諮政參軍陳永華主政，通盤發展經濟、擴大貿易、安撫百姓、推行教育。十多年間與清政府做了十次議和談判，使得臺灣內部得到相對的穩定，提供開發臺灣的良好條件。

　　明鄭政權將荷蘭殖民時的「王田」改為「官田」。其軍隊分派在各地已開墾的土地屯田，稱之為營盤田，其收成的十分之三交給政府。又設立文武官員私田，給予將士、官吏圈定土地，尤其招募百姓開墾，並允許世代繼承；為鼓勵墾荒，私田的賦稅僅為官田的五分之一。開墾的地區遍及西部沿海平原。到明鄭末期，經開墾的田地達一萬八千多甲，比荷蘭殖民時期擴大了一倍。

　　為了保護原住民利益，並協助他們提高生產力，明鄭政府給每一村社發犁鋤各一副、牛一頭。因為當時許多原住民還不會使用犁鋤等農具，沒有漢人精耕細作的務農經驗，政府乃派有經驗的農夫到各社傳授牛耕和使用農具。由於引進了大陸較先進的農耕技術與經驗，並且普及應用鐵器，提

高了臺灣農業的生產力。除了提高了稻米、蔗糖的生產之外，并發展了樟腦制煉與精鹽生產。

明鄭政權擅長海上貿易，以日本為最大貿易對象，也和英國簽訂通商條約，和菲律賓、馬來半島、越南、高棉、暹羅、北婆羅洲都有商務來往。稻米、蔗糖和鹿皮是最主要的出口產品。

明鄭政權依照明朝的教育制度，在臺灣各村社設立社學，定立科考制度，在兩個縣裡每三年舉行兩次科考，然後由縣試經府試、院試升入太學，從太學選用官吏。還鼓勵原

▌台南延平郡王祠

住民兒童上學受教育，子女在社學讀書，其家庭可減免賦稅。這些措施使得臺灣原住民由原始社會進入文明時期。

明鄭時期，大批漢人移民臺灣。1661年鄭成功收復臺灣和1664年鄭經由金廈退守臺灣，帶去的兵士和家眷約五萬人。其後清政府下令沿海五省居民內遷，使得許多沿海居民冒險渡海來台謀生，估計這一類移民也有五萬，加之荷蘭殖民時期已有的四、五萬漢人移民，明鄭末期臺灣的漢人已達十五萬，與原住民的人數相等。人口的增加使開發臺灣加速成長。

3、清代漢人移民成燎原之勢

　　明鄭治理臺灣歷經鄭成功、鄭經、鄭克爽三代，最後於1683年被清朝派施琅消滅。施琅平定臺灣後，清廷大多數重臣均缺乏發展海權與西力東漸的認識，主張對臺灣「遷其人，棄其地」。連康熙也認為：「臺灣彈丸之地，得之無所加，不得無所

施琅

損。」把當時在臺灣的十五萬漢移民的一半遷回大陸，並準備放棄臺灣。當時只有施琅力排眾議，力主保台，上《留台疏》給康熙：「……，備見野沃土膏，物產利溥，耕桑並耦，魚鹽滋生；……，雖屬外島，實關四省之要害。」使得康熙改變初衷，決定保留台灣，設一府（臺灣）、三縣（臺灣、鳳山、諸羅）。

　　如果沒有施琅的力保臺灣，荷蘭人必定捲土重來，臺灣將再度淪為與印尼、菲律賓情況相似的西方殖民地，導致

施琅祠

漢人開發臺灣的遲緩、落後，與印、菲無異，而中國海權也難以伸張。從歷史發展的觀點來看，施琅對於開發臺灣及鞏固中國海權，做出了僅次於鄭成功的卓越貢獻。

但清初承續明代大多時間的閉關自守，又恐怕臺灣再成為「亂藪」（亂民聚所），乃頒佈許多法令限制大陸移民去臺灣，特別不許帶家眷到臺灣。起初，大陸人民只能在農耕、生產季節渡海去臺灣，收成後就回大陸。清初承平既久，人口劇增，閩粵沿海耕地有限，而臺灣西部遼闊的荒地有待開墾。百姓乃不顧政府禁令，成群結隊，偷渡前往臺

灣，移民風潮成燎原之勢。郁永河於康熙三十六年（1697年）到臺灣，從台南北上淡水，採集硫磺，在其《稗海遊記》中描述道：「自斗六門以上至淡水，均荒蕪之區，林木遮天、荊棘丈餘，麋鹿成群，為漢人足跡所不到。」但二十多年後，情況起了極大的變化。康熙六十年（1721）年，臺灣發生朱一貴起義事件，次年清政府派兵平定。藍鼎元隨軍前往臺灣，在其《平臺紀略》中寫道：「開墾流移之眾，延袤二千餘里，糖穀之利甲天下，……今北至淡水雞籠，南至沙馬磯頭（今恒春），皆欣然樂郊，爭趨若鶩，雖欲限之，惡得而限之。」

平定朱一貴後，清政府檢討對台移民政策，於雍正十年（1732年）解除移民攜帶家眷及接家眷的禁令。從此漢人移民劇增，大多定居下來。根據嘉慶十六年（1811年）的統計，當時在臺灣的漢人已達194萬，較1683年明鄭末期時臺灣的十五萬移民，增加了十幾倍。

▌朱一貴

▌4、十七世紀時臺北盆地的原住民

　　根據近代文獻，在三四百年前的17世紀康熙年間大地震前，臺北盆地主要是沼澤、溼地。原住民是屬於平埔族的「凱達格蘭族」，大約有三十多社，原本散居在各地以漁獵和簡易農耕為生。後經荷蘭人、西班牙人、漢人、日本人入侵、開墾，生活和族群發生重大變化。這些重大的改變逐漸

▌凱達格蘭族武士

凱達格蘭族家庭

使得凱達格蘭族人，甚至全臺灣平埔族走向與漢人融合的命運。凱達格蘭族漢化極早，因此相關文獻紀錄不多。有些史學家認為八里區的「十三行遺址」乃是凱達格蘭族人祖先的聚落。由這個遺址的遺物推測凱達格蘭族人，可能在漢朝末年已經進入臺灣。他們的聚落和附近地區，成為後來漢人移民、開墾、建立村莊的地點。

根據凱達格蘭族的傳說，他們的祖先是從東南方的一個叫Sanasai的小島來到台灣本島，在最東邊的岬角—三貂角登陸。該族分布範圍約為現今臺北市、基隆市、新北市的瑞芳、貢寮、新店、板橋及桃園北區。部分學者則以淡水河、基隆河、新店溪為界，分為南北兩支系，再加上16世紀前遷移至宜蘭的一支「社頭社」（哆囉美遠社／Torobiawan），可再將該族區分成：巴賽族（Basay）與雷朗族（Luilang）。

凱達格蘭族以及其他平埔各族一樣為母系社會，從婚姻與財產制度中顯而易見：男性必須入贅，家產也由女性

繼承。

傳統的平埔族社會，對於信仰，其實大多還停留在祖靈崇祀以及圖騰膜拜的階段。凱達格蘭族的祭典有農曆六月十八日和農曆八月十六日。六月的祭典是在祈求雨獲豐收，八月的則是感謝祖靈庇佑農作收成，他們以其神聖的橄欖當作祭品。

自從明、清時期中國福建泉漳一帶的閩南人移民大量進入台灣，平埔各族因處平地，與漢人的接觸機會較多，除了被清政府歸類為「熟番」外，原有文化制度也逐漸滅失。據考證，現今臺北許多地名為凱達格蘭語音譯而成，例如：大龍峒、北投、唭哩岸、八里、秀朗、艋舺等。

圭武卒社（Kimotsi）是20世紀前，臺灣平埔凱達格蘭族的一個支系部落，棲息於現今臺北淡水河畔的大稻埕一帶。據荷蘭人於1654年所繪製的《大臺北古地圖》，該社至少有百餘戶，以漁獵及原始性農耕為生，活動範圍遠達社子島，已有灌溉水源的雛形。

該圖顯示除了圭武卒外，臺北盆地內尚有大浪泵（Paronpon）社，居於現今臺北市的大龍峒與圓山一帶。如今臺北市的大同區、大龍峒以及圓山的舊名——大龍峒山，皆源自大浪泵社的音譯。迄今Paronpon仍是臺北市大龍街的音譯名稱。後來因為發生康熙大地震，該地圖所描述的大浪

泵居住地與該處地貌與1697年郁永和《裨海紀遊》、1704年的《康熙皇輿全覽圖》以及1722年的《番俗六考》等都有所出入。不過一般認為大浪泵社的活動範圍應該在基隆河與淡水河交界處附近。

　　雖然在十七世紀，臺灣其他地區已歷經鄭氏、荷蘭及清朝的統治，但臺北盆地仍為平埔族聚居的未開墾平原。除了在1632年，八十多名西班牙人組成的探險隊曾短暫入內，前往該族北投社、里族社等社安撫、傳教外，並無任何開發活動。

▌荷蘭人於1654年所繪製的《大臺北古地圖》

5、漢族移民開發臺北盆地

漢族移民開發臺灣始自南部,而如今的臺北開發較晚。臺北盆地四面環山,大部分原為沼澤、溼地,僅由淡水河與海聯通,沖積平原土地肥沃,兼有交通、飲水、灌溉之便,最適於耕種、屯聚。人類的四大文明發祥地:兩河流域、尼羅河流域、印度河流域、黃河流域,都是沖積平原。因之臺北盆地沖積平原乃是臺灣最佳的農業、文化、經濟、政治發展地區。

泉州三邑陳賴章三姓墾號

早在荷蘭人據台之時,就有一些福建泉州的泉安、南安、惠安三邑漢人渡海,沿淡水河航行,在如今萬華與平埔族原住民互市。荷蘭人稱該地為Handelsplats,意為交易場所。其後漢人過海來到艋舺搭建茅舍聚為村落,以賣蕃薯為生,時稱「蕃薯市」;同時與平埔族交易,以農具、鐵器、

醫藥換取皮毛、農產、水果等。當時平埔族多以獨木舟往來；平埔族人稱「獨木舟」為「Vanka／Banka」，泉州人的閩南語譯音稱此地為「艋舺」（Bangkah），艋舺遂成為臺北盆地最早的漢人與平埔族雜居之處。

清康熙四十六年（1709年），閩南泉州陳、賴、章三姓墾號來到臺北墾荒，開啟了漢人開墾臺北盆地的風潮。陳

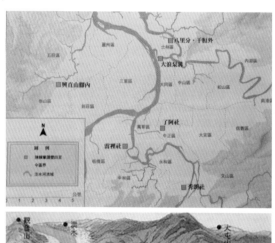

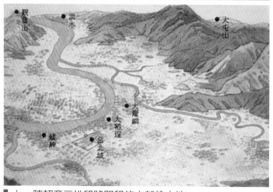

上：陳賴章三姓墾號開墾的大加蚋土地
下：清代開發臺北盆地期間的幾大據點

賴章三姓墾號是泉州人：陳天章、陳逢春、賴永和、陳憲伯、戴天樞，為了合股開墾臺北而成立的集團。他們原為福建泉州三邑人，後移民到台灣南部嘉義地區墾荒。因18世紀初台灣南部地區人口漸多，可耕田地漸少，加上1705年至1708年連續三年的饑荒，他們以該墾號名義向臺灣府諸羅縣官府申請開墾大加蚋的土地。官方給予批准，希望藉由該墾號的拓墾，增加臺灣糧食的產量，並供應福建的缺糧。

▌ 艋舺淡水河堤及碼頭

▌ 艋舺清水巖祖師廟

▌ 龍山寺

所申請的大加蚋墾荒地區包含艋舺、錫口（今松山）、大龍峒、大稻埕、秀朗、八里坌、興直山腳（今新莊）等約一百平方公里的土地，而以艋舺為主要開墾區域。因此臺北的開發是由艋舺開始，根據日本人1898年繪製的「台灣堡圖」，艋舺的範圍北至今日忠孝西路，東至中華路一段（臺北城西城牆），西至淡水河，南至三水街。現代一般人將三水街以南至縱貫鐵路（萬華車站）之間也當作艋舺的一部分，但是三水街以南至大排水溝（西藏路）的地段是下崁莊。而忠孝西路以南至成都路的地段本屬艋舺，現代一般人卻視為「西門町」。

原住民與漢人移民的糾紛與融合

1723年，朱一貴民變平息後，巡臺禦史吳達禮報請朝廷增設淡水廳管轄大甲溪以北獲准，臺北盆地因此首度納入漢人行政體系。不過，臺北此時仍多屬平埔族所聚居的「蕃境」，為避免糾紛，清政府嚴格禁止中國大陸移民逕自開墾。但臺北盆地廣大的平原有待開墾，大批漢人移民不顧禁令陸續進入臺北墾荒。

1742年至1749年間泉州人開墾木柵與少數客家人持續開墾拳山。這數波移民潮除了引發不少原住民與漢人爭地、

搶水的衝突，但也促成大量漢人男子與平埔族女子通婚，進而加速了平埔族的漢化。這項漢化趨勢，於1765年設立理番同知官銜後最為顯著，在鼓勵原住民族漢化的政策下，一年內包含臺北在內的臺灣漢化熟蕃所屬平埔族達93社，歸化的生番達200社以上。

安溪、同安移民艋舺

艋舺因港商之利，眾多泉州人移民至此定居，到了清雍正元年（1723年），繼三邑人之後，泉州安溪、同安兩地的人也成群結隊來到艋舺。因初期不准携眷來台，移民乃與當地平埔族通婚，雍正十年（1732年）解除移民攜帶家眷及接家眷的禁令後人口大增，艋舺因而趨於興盛。三邑、安溪、同安移民形成各自為政的三個群體。

三邑人建立了青山王館等廟宇以凝聚團結，并以主要祭祀觀音菩薩的龍山寺為行政中心；安溪人則建立主祀清水祖師的祖師廟為信仰核心；同安移民則在八甲莊祭祀民宅中的霞海城隍神龕。

早在1759年，原艋舺增設都司，不過仍為設於新竹的淡水廳管轄。1811年，原本設置於新莊的縣丞機關移至艋舺，並隨後設立臺灣艋舺營。1825年，艋舺營主官從游擊升

格為參將。此外，也設置固定駐兵於艋舺的臺北營制。

除了官方廳署漸漸轉移至臺北艋舺外，艋舺的移民速度與開墾速度也頗為驚人。位於臺北盆地中心的艋舺，背臨平原，經過水利系統不斷地開展，形成物產豐饒的廣大腹地，而人口增加也使各種需求快速擴張，促進了艋舺的商業發展，盛極一時。據姚瑩所著《臺北道里記》記載，光是艋舺一地就「居民舖戶四五千家」，遂有「一府二鹿三艋舺」的說法，表示臺北艋舺已是全臺灣第三大城市，且是臺灣北部的商業、文化中心。

同安、安溪人與三邑人的械鬥和大稻埕、大龍峒的興起

咸豐三年（1853年），三邑人為了爭奪艋舺港口的泊船權利，以龍山寺為基地，攻擊八甲莊（今老松國小）的同安人，但無法越過沼澤，後來竟然燒毀安溪人信奉的艋舺清水祖師廟，以便借道偷襲八甲莊，同

▍大稻埕淡水河堤及碼頭

■ 大龍峒保安宮

■ 大稻埕街市

■ 大稻埕霞海城隍廟

安人死傷無算,房屋全數焚毀,三邑人獲得械鬥的勝利,史稱「頂下郊拚」。同安人不得不將信仰的霞海城隍與整個宗族舉家從艋舺遷徙至數公里遠的大稻埕經商。於是大稻埕逐漸得到發展,與艋舺共同成為臺北市的兩大聚落。許多安溪人也隨之遷移到大稻埕。1860年以後,艋舺港口因河沙淤積,船隻多改停大稻埕。大稻埕遂成為北臺灣的商貿中心。

泉州同安人除了開發大稻埕之外,還移居發展大龍

峒。大龍峒又稱為「大隆同」，舊稱大浪泵，源於平埔族凱達格蘭族「大浪泵」社的閩南語譯音。十九世紀之前，大浪泵社全境皆為平埔族人所聚居，並無漢人。1802年，泉州同安人王元記、王智記、陳蘭記、陳陞記、高明德、鄭西源等六戶在此開設44間瓦店，因而形成俗稱四十四崁的街道，該街道取其原「大浪泵」地名的閩南語諧音，並在隘門街坊上題名為「大隆同」，希望能「大為興隆同安」。一般來說，大龍峒發展雖然不如大稻埕，但仍以文教功能聞名。

客家人開墾臺北受挫

1729年，廣東客家人簡岳率其族人至拳山開墾，與當地凱達格蘭族發生糾紛，造成數百漢人死亡，全族盡滅。清政府乃重申臺北為蕃界的的禁令，並規定不論生蕃、熟蕃，皆與漢人勒石分界。其屬地如有「奸民偷越蕃境、抽取藤條、捕殺山鹿、私運貨物者」，主管的地方官員都會受到降級調用及罰俸的連坐處分。不過此一禁令依舊無法阻擋沿淡水河登岸的許多移民。而為了管理移居臺北的漢人，淡水廳於1731年在八里設置巡檢司，其範圍包含已有相當多漢人居住的幹豆門（今關渡、巴賽語：Kantaw）、北投和南港。

漢人逐漸沿河向淡水河中上游發展

　　漢人自淡水河口逐漸向大嵙崁溪、基隆河、新店溪、景美溪幾條河流的中上游發展，除了艋舺、大稻埕、大龍峒之外，福建移民先後在臺北盆地沿河的板橋、新莊、三峽、大溪、公館、景美（梘尾）、士林、木柵、新店、石碇、深坑、松山（錫口）、汐止等地陸續建立聚落、城鎮。上游河港景美、大溪等將茶、煤、樟腦等物產集結，中游河港艋舺、大稻埕則負責集散轉運工作，淡水（滬尾）港則將大陸來的生活用品輸往台北盆地，並將茶、煤、樟腦等運往大陸。

郭錫瑠首率漳州人來臺北盆地墾荒

　　1736年，繼泉州人之後，來自福建的漳州府人，首次大舉移民至臺北，其代表人物為郭錫瑠。在他的領導之下，漳州人首度進駐臺北松山一帶，並從新店青潭溪、新店溪興建可供灌溉景美、公館，以及松山的瑠公圳。由於瑠公圳的成功開鑿（1762年），使漳州人的開墾速度日益增長。

　　這階段，除了水利之便造成的漳州移民與開發外，臺北市地區尚有1741年漳州府移民何士蘭的開墾內湖（巴賽族

的里族社）和士林（八芝蘭——Pattsiran，為平埔族語「溫泉」之意）。

彰州、泉州移民械鬥

　　清朝時期的臺北漢人村莊，多為泉州、漳州兩大移民族群。分布地點大抵為艋舺、大稻埕、大龍峒和士林四地。這裡面，泉、漳兩地雖同源自福建，語言、風俗接近，但數百年來，該兩府就常因各種利益與宗教信仰發生衝突，而兩族群的衝突，既使移民到臺灣後，依舊非常激烈。

　　漳州人與泉州人武力衝突的理由十分複雜，但是基本上不脫利益衝突的本質。這些衝突包括：先來、後到的土地分配、灌溉水源爭奪、爭取墾地與建屋蓋廟爭議等。加上當時清朝官府控制力薄弱，無法禁絕遏止，民風強悍與羅漢腳人數過多等原因，漳泉械鬥時有所聞。多次漳泉械鬥當中以1859年的械鬥最為激烈，不但造成漳州人八芝蘭（今士林）村莊全燬，退居芝山岩避難，也導致後來八芝蘭地區的重建。不過也由於此次爭鬥過於慘烈，兩幫人馬所屬地域的士紳最終出面調停，漳泉檯面上的爭鬥至此才告一段落。

第三章：

郭錫瑠父子築瑠公圳以開發臺北東部

　　臺北盆地北、西、南有三條河川，東部依山，加之地形由東向西朝下傾斜。以致如今臺北精華所在的大安、信義、松山幾個地區雖土地遼闊，在漢人移民早期卻引水困難，農耕不易，推延了開發臺北的步伐。直到清乾隆元年（1736年），墾戶首郭錫瑠先生帶領一批漳州移民來到臺北墾荒、築圳，才加快了臺北的整體開發。

　　郭錫瑠是福建漳州人，生於康熙四十三年（1704年），幼時隨父來臺，在半線（今彰化）墾荒，慘澹經營近三十年，頗有成效，成為墾戶首。乾隆元年（1736年）他遷居到大加納堡（今臺北信義區），開墾興雅莊荒地（今基隆路一段）。其後又轉往中崙（今松山區）墾殖，利用天然池沼圍築堤防蓄雨水（謂坡或碑）種植水稻。但因雨量不均，蓄水有限，水稻成長欠佳。

▌郭錫瑠

▌早期臺灣農田耕作圖

▌早期臺灣農田取水圖

初期鑿圳、困難重重

　　郭錫瑠在中崙屯墾成效不佳，他環顧臺北東部及如今景美、公館山邊有廣大的荒地難以開發。從長著眼，他認識到如今新店位於盆地東南邊緣，地勢較高；而新店溪由群山傾瀉而下，水勢充沛，於是計畫從新店溪與其支流──青潭溪交匯之處（今碧潭上游）鑿渠引水。他的方案高瞻遠慮，目光遠大，但在工程方面有三大困難：（1）從青潭溪口到臺北東部距離有二十餘公里，十分遙遠；（2）途中要跨過霧裡薛溪（今景美溪），工程浩大；（3）青潭溪口旁為堅硬的山岩，需鑿約100多米長的隧道穿過，頗費人力、經費與時間。另外當時青潭溪口距泰雅族原住民部落很近，容易遭到攻擊，工人性命沒有保障。

▌原計劃的取水口──新店溪與青潭溪交匯之處

　　雖然面對種種困難，郭錫瑠義無反顧地於乾隆四年（1739年）變賣家產，籌集了兩萬兩銀子，組成「金順興」號，次年開始動工。但在施工期間，屢受泰雅族原住民襲擊，人員多有死傷。郭錫瑠盡力做好原住民的工作，善待他們；並以「和親」策略娶泰雅族公主為妻，並雇用泰雅族居民為工人和保鏢，改善了與原住民的關係，施工得以持續。

無法挖穿堅硬山岩

　　只是在挖鑿穿過如今新店區新店路的「開天宮」下堅硬山岩的隧道時進展緩慢。十三年後（1753年），郭錫瑠資金用盡猶未能鑿穿這一百多米的石腔。他只得與大坪林五莊墾戶蕭妙興協商，最後決定雙方交換鑿渠地權與水權，由蕭妙興與五莊股東合夥組成「金合興」號接手，繼續挖鑿石腔以供大坪林的農田灌溉，此即其後於乾隆三十七年（1772年）完工的大坪林圳。

築木制水槽跨河長橋

　　而郭錫瑠改由今獅頭山麓北二高碧潭大橋下開鑿水渠取水口；並用「石筍」堵新店溪水提高水位、增大水量。是

年新店溪對岸亦由林成祖墾戶築堰取水鑿建的永豐圳完工，遂逐漸形成如今碧潭的景觀。為克復跨過霧裡薛溪的問題，郭錫瑠設計出一條木制水槽（大木梘），架空作為跨河長橋。水槽截面為凹字（U）形，其內層塗上油灰以防漏水。當年沒有水泵，管道盡可能沿山邊地勢較高之處開鑿。這個巨大的工程又經過八年多的辛勞，終於在乾隆二十七年（1762年）竣工。郭錫瑠苦心經營了二十二年，得以成功地將碧潭新店溪的河水，經過景美、公館，引入臺北盆地東部，也就是如今的大安區、信義區和松山區。當時這條長二十多公里的水圳被定名為「金合川圳」。

過河水槽與暗渠均失敗，憂鬱而終

金合川圳開啟使用後，居住在景美附近的居民為圖方便，經常以木水槽為橋樑走過霧裡薛溪，造成水槽嚴重損壞，未久已難以修補。但失敗未能把郭錫瑠打倒，他又集資購買陶缸改做水管，埋在河床下（霧裡薛溪

■ 瑠公圳取水口

平時河床大部分乾枯，施工沒問題。）為暗渠，利用虹吸作用升降水位。臺北的供水得以恢復。可是好景不常，幾年後（乾隆三十年、1765年）的夏季，臺北遭颱風侵襲，霧裡薛溪上游山洪暴發，急流夾帶沙石沖涮河床，將暗渠毀壞殆盡。郭錫瑠當時已61歲，經歷了二十六年的努力，落得財、圳兩空，身心俱疲，以致憂鬱成疾，三個月後離開人世。

子繼父業以成

郭錫瑠去世後，其子郭元芬繼承父業再度籌資重新修建水渠。他一方面將其父開鑿的獅頭山麓取水口整修，並加固「石筍」堵水。另外仍然利用木梘跨過景美溪，但將水槽截面改為斜傾尖底的V形（菜刀梘），使人無法

上：上世紀中期檔新店溪水流而成碧潭的石筍之一
下：上世紀中期檔新店溪水流而成碧潭的石筍之二

通行過河，避免了損壞。乾隆三十八年（1773年）修建竣工，經過八年斷流的金合川圳又開始向景美、公館、大安區、信義區、松山區等地供水。

三大幹線覆蓋廣闊

瑠公父子修建的金合川圳在清代中葉的契約中常被稱為「青潭溪大圳」或「大坪林青潭大圳」。金合川圳從碧潭取水口，過大坪林、跨景美溪（大木梘），在景美街分出興福支線，沿景美山山腳往北，至靜心中學南邊。

主幹線過萬隆，在萬盛街處設「小木梘」立體交叉跨過霧裡薛圳，到公館，在公館分為四線：

（1）第一幹線：沿蟾蜍山北側往大加蚋（今信義區），

上：上世紀中期從新店鳥瞰瑠公圳
下：上世紀中期新店溪與瑠公圳取水口

經頂內埔、下內埔、六張犁、三張犁、車層（今大安區內）、五分埔、中崙、興雅莊，到達錫口、上下塔悠（今濱江街、撫順街、松山機場一帶）。沿線有如下支線多條：

- 五分埔支線：基隆路二段「車層汴」處分出，沿信義路南邊在中強公園接上信義路五段、六段，經福德街抵中坡附近。中有分支沿虎林街往北。
- 興雅派線：在延吉街與市民大道路口附近的「頂店仔汴」分出，大致沿著市民大道（原鐵路縱貫線）南側向東至台鐵臺北機廠。
- 中崙派線：「頂店仔汴」分出，沿著市民大道南側

左：位於台北市復興南路與忠孝東路口的瑠公圳公園
右：位於溫州街、連接霧裡薛圳的瑠公圳故道

向西至復興南路一段路口附近。

- 舊里族支線：在八德路三段「蕃仔汴」處分出，至截彎直往基隆河河曲。
- 西支線：民生東路四段與光復北路口附近的「司公汴」分出，經松山機場西南側至民族東路。
- 東支線：在「司公汴」分出，穿過松山機場至上塔悠、下塔悠，有第一、二、三，三條分線。

此幹線及其支線覆蓋了臺北盆地東部大安、信義、松山三區大片土地。其中東支線第一、第三支線流入基隆河。

（2）第二幹線：自公館向北沿今日羅斯福路四段西側到台大正門口，折向正北沿新生南路三段西側到大安區溫州街54巷與新生南路三段之間，與霧裡薛圳的「九汴頭」為界。灌溉臺北大安區。

（3）大安支線：由公館穿過今日基隆路四段進入台大向北，過辛亥路、和平東路二段到敦化南路二段與信義路四段交口附近的大安國中，灌溉大安、信義兩區。

（4）林口支線：流往林口莊（今汀州路）到古亭倉頂（今崁頂、青年公園附近），灌溉中正區南部近新店溪的農地。有可能連接從師大附近西至崁頂入新店溪，及西流經雙園（今萬華區）流入淡水河的天然溝渠，灌溉萬華區。

清代瑠公圳灌溉農田1200多甲，約為當時臺北盆地一半的農地。

左：上世紀中期新店通往台北市的公路
右：上世紀中期新店通往臺北市萬華的鐵道

來源資料：

http://www.khl.org.tw/images/pic7_1.jpg

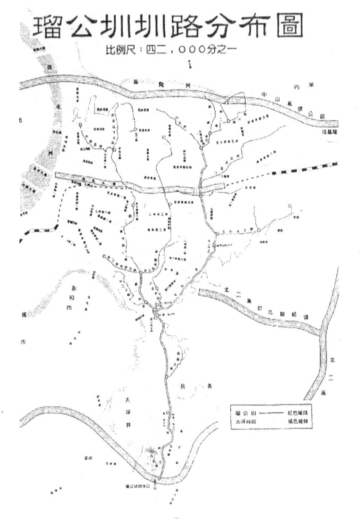

瑠公圳圳道圖

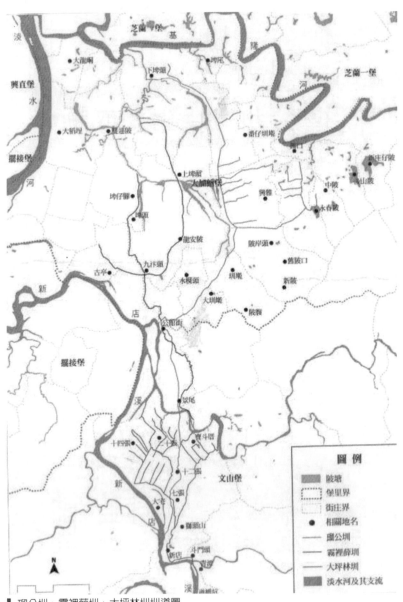

瑠公圳、霧裡薛圳、大坪林圳圳道圖

清代改名為瑠公圳

清代早期臺灣的水圳大多是墾戶主私人集資修建，直到道光年間，移民暴增，墾荒迫切，開始有政府營建的水圳，譬如高雄的曹公圳。同時也注重水圳問題，時人緬懷瑠公父子開鑿成渠之功勳，遂將金合川圳改名為「瑠公圳」

道光八年（1828年），郭錫瑠曾孫郭章璣把瑠公圳一半產權售予板橋林家，次年再將剩餘一半轉賣給林氏。

日據時期的改進與整合

日據時代於1901年成立「公共埤圳規則」，瑠公圳、霧裡薛圳及其他水圳、埤均被指定為「公共埤圳」。並成立「水利組合」來管理，受官方監督，但最

日據時期(1907年)，將瑠公圳跨霧裡薛溪的大木梘拆除，改建為公路、水路兩用的水泥橋。

初產權仍屬原所有人持有，每年可收取報酬。

　　1907年成立「公共埤圳瑠公圳組合」，將瑠公圳、霧裡薛圳及更早期的蓄水上埤合併、統一管理。同年將跨霧裡薛溪的大木梘拆除，改建為公路、水路兩用的水泥橋。

　　1910年，又加入柴頭埤、雙連埤、大竹圍埤、三板橋埤、下埤、上土地公埤、下土地公埤、鴨寮埔埤、牛車埔埤、蝴蝶埤、永春埤、中埤。並修改整理水路，統一水源、填平不須使用的陂塘、廢止多餘的水道。

　　1917年，日總督府以5,525圓向林氏收購瑠公圳產權，歸併於「公共埤圳瑠公圳組合」。

▌上世紀中期瑠公圳取水口旁的碧潭吊橋

1923年，再將景美到公館之間的瑠公圳和原霧裡薛圳修改、聯通、合併。同時聯通在溫州街54巷與新生南路三段之間，原霧裡薛圳的「九汴頭」以利灌溉臺北西部中正、中山、大同、大安四區。

原新生南、北路排水溝被誤稱瑠公圳

上：原瑠公圳流經的台大醉月湖
下：台大校門附近的瑠公圳原址碑

　　如今年紀較長的朋友大概都記得上世紀40-60年代的新生南、北路是日本形式的兩旁單行道路夾著中間的露天大水溝。至今一般人都還誤認為這條縱貫南北的大水溝就是瑠公圳。事實上這條大水溝是1933年日據時期，日本總督府為了臺北市區規劃發

展而開鑿的「特一號排水溝」，並非為灌溉而建，與瑠公圳的性質大不相同；而且距瑠公圳的修築晚了近兩百年。當時稱為「堀川」，兩旁馬路為「堀川通」。

因為瑠公圳的第二幹線鄰近大水溝西側，而大安支線流經台大。如今在台大新生南路側門附近還立了一個「瑠公圳碑」，但也註明非原址。

最大的誤會乃是民國五十年在台大側門附近的大水溝裡發現被肢解的女屍，全省震驚，久久不得破案；據說連蔣介石都日日關注，督促破案。當時報章及街頭巷尾張貼懸賞，誤稱其為「瑠公圳分屍案」。是以「新生南路大水溝就是瑠公圳」就成了家喻戶曉。早期兩岸栽植柳樹、杜鵑花，美觀怡人，台大名教授、作家林文月女士曾作詩：「嫩綠的柳芽支條垂撫在瑠公圳的堤上，嫣紅的、粉紅的、淨白的杜鵑花，叢叢盛開在和風中翼翼披靡的春草間。……」多麼的詩情畫意。林教授的詩真可媲美蘇東坡的《念奴嬌·赤壁懷古》，黃岡得「文赤壁」之盛名。與此同理，新生南路大水溝就成了名滿天下的「文瑠公圳」了。

國府時期

臺灣光復後，國民政府於民國三十五年（1946年）組

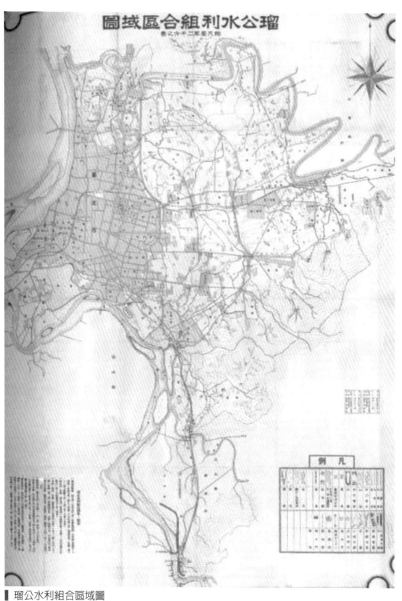

瑠公水利組合區域圖

成「臺灣省瑠公農田水利協會」管理瑠公圳，民國三十七年（1948年）改組為「瑠公水利委員會」。民國四十五年（1956年），瑠公水利委員會與原管理大坪林圳的「臺灣省文山水利委員會」合併成為「臺灣省瑠公農田水利會」，使臺北盆地的瑠公圳、原霧裡薛圳、大坪林圳三大水圳合而為一，灌溉淡水河以東、基隆河以南、新店溪以北的臺北盆地。民國五十六年（1967年）七月臺北市改為直轄市後，該會於次年改稱「臺北市瑠公農田水利會」。

促進臺北開發、功在臺灣

瑠公圳竣工運行後，首先使在臺北東部的漳州農戶加速開墾發展，也引來大批的福建移民，使臺北人口陸續增

左：上世紀瑠公圳取水口旁的紀念牌坊
右：上世紀中期瑠公圳取水口正面

長。因為當時瑠公圳灌溉遍及臺北盆地一半的農田，提高了臺北稻米的生產，促進了臺北的經濟繁榮。其後聯通霧裡薛圳、大坪林圳以及新生北路、新生南路一段、忠孝東路三段、和平西路到萬華等地原有的天然水渠，使得淡水河以東、基隆河以南、新店溪以北的廣大地區水渠縱橫貫穿，一方面加快農業的發展，另一方面也為臺北城市開發中供水飲用、排水洩洪、市區綠化等要務奠定了基礎。使得臺灣的開發逐漸由南向北遷移。到1880年代，臺北已成為臺灣首善之地。

先是1874年，臺灣南部牡丹社原住民殺害琉球漁民事件發生，日本借機侵入南臺灣。清政府乃考慮在臺北建城、設府，藉臺北升格來充實北臺灣的軍事防禦；於1875年批准了「欽差辦理臺灣等處海防兼理各國事務大臣」沈葆楨的「臺北擬建一府三縣」奏摺。至此，臺北府城才正式成立。

臺北建府之議欽准不久，為求防務需求，清朝初步決定於艋舺與大稻埕之間的未開墾荒地構築臺北城。並構想將重要臺北府城官署、宗廟等建築設立其中。在首任知府陳星聚與其後1881年上任的直屬長官福建巡撫岑毓英積極籌款興建，臺北城於1882年由臺灣道道員劉璈負責正式開工興建，1884年正式完工。臺北城完工之際，城內文廟、武廟、開漳聖王廟、城隍廟和天后宮等廟宇也陸續落成。除此，面積約

一平方公里的臺北城也相繼同時建造了淡水廳、臺北府、臺灣布政使司衙門和臺灣巡撫衙門等署衙，此時臺北城內儼然正式成為全臺北甚至全臺灣的宗教與政治中心。之後的數年內，臺北也在清朝首任臺灣巡撫劉銘傳的建造下，成為具有鐵路和電燈的現代化都市。

1885年，臺灣成為行省，省會設於彰化縣橋孜圖（今台中市南區），1894年遷到臺北。當時臺北城偏處臺北盆地西部，而其東部大多是稻田，農產豐富，促使臺北經濟日漸發達。臺北遂成為臺灣政治、經濟、文化、宗教中心。

日據時代擴大臺北城區，逐漸向東發展。但其後日本發動侵華及太平洋戰爭，臺北東部的發展遲緩，大多猶是稻田，人煙稀少。1949年，國民政府遷台，人口急速增加；盆

新店瑠公圳公園瑠公圳故道

地東部積極發展，及於1980年代已成臺北市的中心地帶。臺北盆地以其優越的農業開發基礎逐漸轉變為繁華興盛的大都市。

瑠公圳造福臺北、臺灣百姓的偉績至今猶在

根據統計資料，現臺北市的人口為270萬多，而人口密度高達每平方公里9,944.57人。以往的農田幾乎都轉建高樓大廈，而瑠公圳也大部分覆蓋作為地下排水溝渠。瑠公圳已走過兩百多、近三百年漫長的歲月，完成了它灌溉臺北盆地的歷史使命，而轉換成大都會的地下排水、防洪系統。其重要性不減當年，繼續為臺北人民的福祉而川流不息！郭錫瑠當年興建瑠公圳，造福臺北、臺灣百姓的偉績至今猶在。（參見第五章：臺北的水患、防洪系統與瑠公圳的貢獻）

▌新店住宅區內的瑠公圳故道

第四章：

從世界上著名治水的借鏡對比瑠公圳
灌溉、防洪之功效

▍1、都江堰灌溉防洪系統

都江堰水利工程是舉
世聞名的中國古代防洪、灌
溉的偉大建設。都江堰工程
的主要作用是引水灌溉和防
洪，另外也兼具水運和城市

▍都江堰鳥瞰全圖

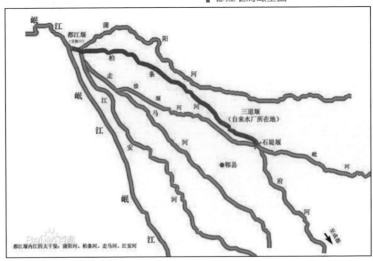

▍都江堰灌溉區四大水圳

供水的功能。

岷江是長江上游的一大支流，發源於青藏高原東端、四川與甘肅交界的岷山南麓，分為東源和西源，東源出自弓杠嶺，西源出自郎架嶺。兩源在松潘境內漳臘的無壩匯合。向南流經四川省的松潘縣，在茂縣匯合支流黑水，汶川匯合雜谷腦河，於青城山、都江堰附近的玉壘山出岷山山脈，進入成都平原西側向南流去，過樂山、自貢，在宜賓注入長江。

青藏高原崇山峻嶺、溪谷穿流，每當夏季淫雨之際，山洪爆發，岷江傾瀉入成都沖積平原。成都平原的整個地勢從岷江出山口玉壘山，向東南傾斜，坡度很大，都江堰距成都50公里，而落差竟達273米。在古代每當岷江洪水氾濫，成都平原就是一片汪洋；但一遇旱災，又是赤地千里，顆粒無收。岷江水患長期禍及成都平原，吞沒良田，困擾民生，成為古蜀國生存發展的一大障礙。

和兩河流域、尼羅河流域、印度河流域和黃河流域這些人類文明的濫觴之地相似，遠古先民們進入成都平原地帶生息首先要克服的乃是防洪與灌溉的治水問題。回顧歷史的發展，成都平原曾有五次大規模的治水工程。

（一）古蜀國鱉靈治水

相傳遠在春秋時代（西元前670年前後），古蜀國杜宇王以鱉靈為相，在岷江出山處鑿開一條人工河流，分岷江水流入沱江；其後並傳位給鱉靈，稱開明帝。開明帝鱉靈的引岷入沱排洪、灌溉工程使川西成都從沼澤變為良田平原，為古蜀先民定居成都創造了基本條件。

（二）先秦李冰父子建都江堰

歷史上在成都平原最大規模的治水事蹟當然是舉世聞名的都江堰水利工程。秦昭襄王五十一年（西元前256年），李冰為蜀郡守。李冰在鱉靈治水的基礎上，動用當地人民，在岷江出山流入平原的灌縣，建成了都江堰水利工程。

都江堰水利工程由魚嘴、寶瓶口、飛沙堰等部分組成。

▍魚嘴

魚嘴

　　魚嘴將岷江水一分為二，右側「外江」順岷江原道而下；左側「內江」則通過寶瓶口沿李冰開鑿的柏條、走馬兩條幹渠流向成都。順應西北高、東南低的地勢傾斜，一分再分，形成自流灌溉渠系。兩千多年來，不斷維修、擴建，至今灌溉成都平原及綿陽、射洪、簡陽、資陽、仁壽、青神等市縣近一萬平方公里，一千余萬畝農田。

寶瓶口

▋ 柏條河

▋ 走馬河

　　「寶瓶口」是在玉壘山伸向岷江的長脊上人工鑿開的一個有「節制閘」作用的河口，能自動控制內江進水量；因其形似瓶口且功能奇特，故名「寶瓶口」。其右側是開鑿玉

疊山而分離的石堆，被稱為「離堆」。如今離堆上有祭祀李冰的神廟伏龍觀。《史記》載：「此渠皆可行舟，有餘則用溉浸，百姓食其利。」《宋史》曰：「則盈一尺，至十而止；水及六則、流始足用。」《元史》道：「以尺畫之、比十有一。水及其九，其民喜，過則憂，沒有則困。」當年李冰父子率領民眾，僅開鑿寶瓶口工程就用了整整八年時間。戰國末年沒有炸藥、電鑽、鋼釬，李冰父子用大火燒紅岩石，再用來自岷江上游的雪山之水潑澆巨石，使堅硬的岩石紛紛斷裂，得以鑿開玉壘山，形成寶瓶口流道。

飛沙堰

「飛沙堰」是都江堰確保成都平原不受水災的溢洪道。其主要作用是當內江的水量超過寶瓶口流量上限時，多餘的水便從飛沙堰自行溢出；如遇特大洪水的非常情況，它還會自行潰堤，讓大量江水回歸岷江正流。其另一作用是「飛沙」，因為岷江從萬山叢中急馳而來，挾著大量泥沙，石塊，如果讓它們順內江而下，

飛砂堰

就會淤塞寶瓶口和灌溉區。飛沙堰利用離心力作用將上游帶來的泥沙和卵石，甚至重達千斤的巨石，從這裡拋入外江，確保內江沒有沙石堵塞，水流通暢。都江堰使得成都平原的南半壁不再受水患的困擾，而北半壁又免於乾旱之苦。

　　幾千年來，岷江在這裡變害為利，造福農桑，將成都平原變成「水旱從人，不知饑饉，時無荒年」的「天府之國」，並進而促進了整個四川地區的政治、經濟和文化發展。秦始皇得天府之富以統一天下；漢高祖依蜀資源擊敗項羽，締造漢朝；劉備、諸葛亮據益州三分天下；蔣介石退守四川，抗戰八年勝利。如果沒有都江堰水利致富成都平原，這些歷史成就是無法達到的。

（三）西漢蜀郡守文翁鑿蒲陽河

▌蒲陽河

西漢蜀郡太守文翁治理都江堰，開鑿都江堰內江的最北幹線蒲陽河，將湔水和清白江連接，引岷江水至成都平原東部。據

《水經註‧江水》載：「江北（指郫江的北面）則左對繁田，文翁又穿湔（水臾）以溉灌繁田千七百頃。」《元和郡縣誌》說：「灌口山（即都江堰離堆）在縣西北二十六里，漢蜀文翁穿湔江溉灌。」

蒲陽河由灌縣東門太平橋下丁公魚嘴與柏條河分流；經志城、新民鄉（後稱灌縣幸福公社），在志城鄉王家橋納靈岩山溝、紙房山溝全流之水；至志城鄉莫家碾下納萬丈溝、桐麻溝合流之水；至蒲村場納麻柳林河之水；至蒲陽鄉黃石片納板橋河之水；至蒲陽鄉南溪品納南溪之水；經駕虹、金馬（後稱天馬公社）鄉崇甯縣（郫縣唐昌鎮）境內，納土溪河之水；至崇、彭兩縣交界之石壩子，右分一支為錦水河，以下正流名青白江，流至廣漢之三水關，有彭縣之蒙（水蒙）陽河自北來匯後，又東南流入金堂縣，經青江鎮而達趙家渡，與雒水匯合，是為湔江，即入沱江。此河全長117公里，在灌縣境內長18.9公里。

蒲陽河開鑿後，大量增加了農灌面積，推廣水稻種植，增進了四川盆地的農業經濟與社會繁榮。

（四）東漢時期鑿江安河

東漢時期再鑿新開河，在「望川原」上「鑿石二十

江安河

里」，使灌渠延伸過現在雙流的牧馬山高地。因後來清康熙年間在都江堰十里以下修築江安堰，改名江安河。河長18公里，自都江堰寶瓶口而出，途經溫江區、雙流縣，於武侯區匯入錦江；又名江安堰。起於走江閘，順金馬河流向東南，是都江堰市與溫江區、溫江區與郫縣、金牛區與雙流區等的界河，最後流入雙流區境內，於二江寺注入府河，是都江堰內江主要幹渠之一。幹渠長95.8公里，分出支渠26條，斗渠196條，控灌農田31.27萬畝。

（五）晚唐西川節度使高駢連接兩江

晚唐西川節度使高駢為拱衛成都，改兩江雙流為兩江抱城。成都府河、南河是岷江水系流經成都的兩條主要河流，都江堰引入的四條河中其中一條——走馬河流到成都形

府南河—錦江

成府河和南河，府河進入成都市區後繞城北、東而流，南河
繞城西、南而流在合江亭處匯合。匯合後稱府南河，又稱錦
江，再東去往南，經樂山、宜賓入長江。府河與南河的聯通
使成都四周環水，利於防守，改善了都市的排水防洪、供水
與灌溉，也使成都市容增色，留下了千年不變的獨特城市
景觀。

都江堰於農業灌溉的效益隨著灌溉渠系的發展愈加提
高。岷江右岸的引水渠系在李冰時代開闢的羊摩江基礎上不
斷向成都平原西南部延伸發展。經過上百年開發，到漢朝時
都江堰灌區已經從秦朝時的郫縣到成都一線，發展到彭縣、
廣漢、新都一帶，灌溉面積達「萬頃以上」（漢朝1頃約合

今70畝）。《漢書‧地理志》提到成都平原時稱「民食稻魚，無凶年憂，俗不愁苦」。到唐朝時，益州大都督長史高儉廣開支渠，此後灌區渠系經過多次整修愈加繁密，灌田面積繼續擴大。

宋朝時都江堰灌區又有顯著發展，據王安石的《京東提點刑獄陸君墓誌銘》可知，當時灌區至少已達1府、2郡、2州共12個縣，其中僅陸廣負責的灌區就有1.7萬頃（約合今137.7萬畝）。

清朝時，灌溉範圍達到14個州縣約300萬畝。到了民國時期，1937年（民國二十六年）統計的灌溉面積為263.71萬畝；1938年（民國二十七年）出版的《都江堰水利述要》記述受益於都江堰的田地「計有川西14縣之廣，約520餘萬畝」。

中共建政以後繼續擴建和改造都江堰的灌溉系統。1960年代末，灌溉面積達到678萬畝；到1980年代初，灌區擴展到龍泉山以東地區並建成水庫近300座，灌溉面積擴大到858萬畝；此後進一步的改造將灌溉區域擴大到1000多萬畝，總引水量達100億立方米，使之成為目前世界上灌溉面積名列前茅的水利工程。

2、荷蘭填海 防洪工程

荷蘭西部緊臨北海，地勢低窪，全國總面積為四萬兩千平方公里。如今約有1/2土地低於海拔一米，其中一半低於海平面。自古以來，洪水一直是荷蘭的災害。1278年12月14日，聖露西亞洪災（St. Lucia's flood）造成荷蘭與德國超過5萬人喪生，為荷蘭歷史上最嚴重的一次洪災之一。1421年的聖伊莉沙白洪災（St. Elizabeth flood）摧毀了大量圩田，造成72平方公里的Biesbosch潮

上：荷蘭與北海
下：1953年荷蘭洪水災害

汐洪泛平原。1953年2月，北海出現的洪水，造成荷蘭西南方數個海堤潰堤，超過1,800個居民在洪水中喪生。是以築堤防洪一直是荷蘭最重要的基礎建設之一。另外由於人口稠密，圍海造陸也一直是該國的主要國策。如今荷蘭有兩項圍海造陸工程：1932年，該國完成了須德海大堤，並逐步完成了墾區開發；1956~1986年進行了三角洲工程建設。目前荷蘭全國圍海造陸面積達總面積的20%。

荷蘭三角洲潮閘工程示意圖

A—布勞沃爾西潮閘壩；B—哈灵水道西潮閘壩；C—沃尔克拉克閘壩；D—荷兰艾塞尔西潮閘
E—費德克里克閘壩；F—費尔什閘壩；G—赫雷弗灵恩水道閘壩；H—东斯尔德閘壩；
I—菲利浦閘壩；J—牡蠣閘壩

▌荷蘭須德海與三角洲工程圖

▍須德海工程攔海大堤之一　　　　　　　▍須德海工程攔海大堤之二

須德海工程

須德海（Zuider Zee）原是伸入北海的海灣，面積3388平方公里，1667年H・斯泰芬（Hendrik Stevin）建議沿瓦登海北面島嶼修築攔海大堤，限於當時技術條件，該計畫未能實現。1916年的暴潮使該地區遭受了嚴重損失。1918年荷蘭議會通過了C・萊利（Cornelis Lely）提出的須德海圍墾方案，1920年開始施工。

須德海工程是一項大型擋潮圍墾工程，主要包括攔海大堤和五個墾區。攔海大堤長32.5公里，堤頂平均寬度90米，設有四車道高速公路，共填築土石料3850萬立方米。堤間設有五座五孔泄水閘，600噸和200噸船閘各一座。攔河大堤把須德海與外海隔開，通過排鹹納淡，使內湖變成淡水湖

——艾瑟爾（Ijsselmeer）湖，湖內窪地分成五個墾區，分期開發：

（1）維靈厄梅爾（Wieringermeer）墾區：於1926~1930年完成開發；

（2）東北墾區（Noordoost）：於1937~1942年完成開發；

（3）東弗萊沃蘭墾區（East Flevoland）：於1950~1957年完成開發；

（4）南弗萊沃蘭墾區（South Flevoland）：於1959~1968年完成開發。

四個墾區共開墾土地1650平方公里。

另外的第五個墾區——馬克瓦德墾區（Markerwaard）已完成大堤，湖內尚未排乾墾殖。該墾區面積600平方公里。每個墾區均先建長堤，再抽乾湖水。其中以東弗萊沃蘭墾區的工程最為宏大，共築堤防90公里，泵站抽水能力約78立方米/秒。

須德海工程使防潮堤縮短了45公里，改善了農田灌溉和排水條件，並防止土地鹽鹼化。須德海大堤已成為連接荷蘭東北部和西北部的交通幹線；利用原河道發展航運；艾瑟爾湖可提供淡水，促進了工農業和養殖業的發展；利用墾區水網，可發展旅遊。已建成的四個墾區，遷入約314.3萬人，形成了繁榮的經濟區。

三角洲工程

荷蘭南部萊茵河、馬斯河和斯海爾德河（Scheltd）下游的三角洲地區，經濟發達，人口密集，有世界名港鹿特丹港。但地勢低窪，河川交錯，易受潮災。1953年的暴潮使該地區遭受了重大損失，共淹沒土地約20萬公頃，1,800人喪生。1958年，荷蘭國會批准了三角洲委員會提出的治理方案，開始對該三角洲進行治理。

三角洲工程（Delta Works）是一項大型擋潮和河口控制工程，主要包括五處擋潮閘壩和五處水道控制閘：

五處擋潮閘壩

（1）東斯海爾德（Eastern Scheldt）閘壩：橫跨東斯海爾德河，是一座擋潮壩。河口被小島分成3個口門，最大深度45米，大壩全長9公里，於1986年竣工；

（2）費爾瑟（Veerse）擋潮閘：該閘位於東斯海爾德閘壩之南，於1961年竣工；

（3）贊德克列克（Zandkreek）閘壩：位於費爾瑟（Veerse）擋潮閘之東。兩閘壩之間形成一個22平方

上：三角洲工程擋潮閘
中：三角洲工程泵抽排水閘
下：三角洲工程防洪閘壩

公里的淡水湖。贊德克列克閘壩設有洩水閘排洩洪
水，於1969年竣工；

（4）布勞沃斯（Brouwers）擋潮閘：該閘位於赫雷弗靈恩
河口，於1978年竣工；

（5）赫雷弗靈恩（Grevelingen）閘壩：位於布勞沃斯擋潮
閘上游。兩閘壩之間形成110平方公里的封閉水域。這
兩座閘壩分別於1978年和1983年竣工。

五處水道控制閘

（1）哈靈水道（Haringvliet）擋潮閘壩。該閘壩位於哈林
水道河口，口門寬4.5公里，壩長3.5公里，閘長1公
里，於1971年竣工；

（2）荷蘭斯艾瑟（Hollandse Ijssel）擋潮閘。該閘位於鹿特
丹新水道的支流荷蘭斯艾瑟河口，為單孔閘，跨度為
80米，裝有垂直提升平面閘門。另還設有一座船閘，
以維持關閘擋潮時通航。該擋潮閘於1958年竣工；

（3）沃爾克拉克（Volkerak）閘壩，1970年竣工；

（4）菲利浦（Philips）閘壩，1986年建成；

（5）奧斯特（Oester）閘壩，1986年建成，並設有船閘。

三角洲工程使防潮堤縮短了700多公里，在閘壩施工

中；採取了現代化技術，提高了防潮安全保障和標準；可有效控制和管理三角洲水道，防止鹹水入侵和淡水流失，改善了水質和減少了泥沙淤積，能更合理地利用水資源，更好地保護生態環境。

　　總的來說，荷蘭的須德海和三角洲兩項工程，利用築堤防洪、做閘擋潮、河渠疏導、泵抽排水幾方面的精密設計與結合作業，達到了防洪、擋潮、灌溉、環保與造陸的卓越成效。

3、颶風、暴雨肆虐休斯敦

休斯敦城

　　休斯敦現為美國第四大城，僅次於紐約、洛杉磯和芝加哥。但以其成長的趨勢，估計將在八到十年之內超過芝加哥而躍居全美第三位。它也是全世界的石油、石化首要重鎮，市中心（Downtown）石油、石化公司林立。本城和周遭到處都是石化工廠、油田、天然氣田和石油、石化的生產、作業基地。

　　1836年，德州從墨西哥

▋ 1836年，在水牛溪之畔建休斯敦城

獨立，遂開始建休斯敦城，是美國成長最迅速的大城市之一，也是全美最大的一個沒有規劃法的城市。當年建城的地點就在水牛溪（Buffalo Bayou）之畔，也就是如今城中心（Downtown）的北端。貨物經過墨西哥灣（Gulf of Mexico）、蓋文斯敦灣（Galveston Bay）、如今的船運航道（Ship Channel）蜿蜒而上到達水牛溪的碼頭。就這樣開啟了休斯敦的商業發展與城市建設。但當時的德州可謂「一無所有、地廣人稀」，僅有一些零散的農莊和畜牧場。直到十九世紀末，這個狀態沒有太大的改變，還沒有具規模性的石油工業。德州和休斯敦都屬於美國次要的區域。

二十世紀開始的第十天（1901年1月10日），距休斯敦90英里、離墨西哥灣不遠的偏僻小鎮——Beaumont傳出驚人的消息：紡錘頂盧卡斯1號井（Spindle Top Lucas #1）噴出高達每天75,000－100,000桶的油。這口井帶給休斯敦和德州好運，使它們

1901年，Beaument紡錘頂盧卡斯1號井噴出高達每天75,000-100,000桶的油。

一躍而為美國工業中心之一。

緊接著紡錘頂首次的發現，人們立即在休斯敦附近沿海具有地層鹽丘的區域進行勘探，兩三年後發現Saratoga、Sour Lake、Batson等幾個油田；其後在休斯敦之北找到了高產的Humble油田。1916年，Baytown附近發現了產量可觀的Goose Creek油田。兩年後Goose Creek的總產量達到每天25,000桶，Humble Oil & Refinery在Baytown建造了一個大型的煉油廠，一直營運至今，現為美國第二大煉油廠，每天煉製近60萬桶油，因之也帶動了這一帶的石化工業。

二十世紀，隨著德州海灣區陸上、海上油、氣田的開發，以及全球石油工業的發展，休斯敦逐漸成為美國及世界的石油、石化中心。

二戰結束以後，德州醫學中心（Texas Medical Center）在休斯敦成立，發

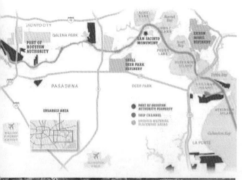

上：船運航道
下：船運航道上的休斯敦港

展至今成為世界上名列前茅的癌症、心臟科等的研究與醫學中心，其工作成員超過十萬人。

上世紀中期的美蘇太空競賽中，太空總署（NASA）於1958年在休斯敦近郊的Clear Lake設立，帶給休斯敦許多太空及其輔助工業。

休斯敦港口

休斯敦的港口始自獨立之前。1826年，John Richardson Harris在Brays Bayou和水牛溪交匯之處設置了一個據點—Harrisburg，建有蒸汽磨坊（Steam Mill），作為對當時奧斯丁殖民區（Austin Colony）的補給中心，也開啟了休斯敦海上及內陸的水運。

▌20世紀早期的船運航道（Ship Channel）

1826年，John Richardson Harris在Brays Bayou和水牛溪交匯之處設置的一個據點—Harrisburg

　　經過近兩百年的發展，如今休斯敦港口乃是以原為狹窄天然河流的水牛溪下游的船運航道（Ship Channel）為主。這個船運航道一直通到水牛溪之外的Morgans Point，進入蓋文斯敦灣，總長為五十英里。隨著休斯敦海運的發展，休斯敦所屬的哈理斯縣（Harris County）的17個市民投票，於1910年1月10日以16對1票通過，將這段水牛溪下游挖深到25英尺深。四年後完工，1914年6月14日，第一艘深水蒸氣船Satilla號進港，開啟了休斯敦與紐約之間的商務航運。是年11月10日，威爾遜總統正式命名開啟船運航道為休斯敦港口的一部分。

緊接著一次世界大戰爆發，石油輸出迅速地促進船運航道的發展。其後經過多次的挖深、拓寬，現為530英尺（160米）寬、45英尺（14米）深，全長50英里（80公里）的巨型港口及航道，.運輸大量的石油、石化、農產品、美國中西部的糧食以及其他多種商品，休斯敦現為美國最繁忙的港口之一。

地貌

休斯敦位於德克薩斯州東南，其東部郊區與墨西哥灣內的蓋文斯敦灣接壤，南部郊區距墨西哥灣海邊的蓋文斯敦島不到三十英里，其地形屬於古代近海岸的

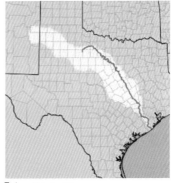

上：Trinity River
中：San Jacinto River
下：Brazos River

沼澤、河流沖積平原，由西北向東南傾斜，斜度平緩。城的主要部位海拔約三四十英尺，位於西邊的城郊，譬如Sugar Land、Richmond一帶海拔則超過七十英尺。

三條河

休斯敦城市的東郊有兩條河流——Trinity River和San Jacinto River，在西郊有一條Brazos River。這三條河流都源遠流長，由德克薩斯州北部及西北部向東南流過休斯敦大都會區再注入墨西哥灣。

不堪負荷的水牛溪

休斯敦城市之內唯一主要的河流是一條總長五十三英里的沼澤小河——水牛溪（Buffalo Bayou），自西流過城北部的住宅區和商業區，經過市中心（Downtown），再向東流入五十英里長、人工擴寬挖深的休斯敦船運航道（Houston Ship Channel），然後注入蓋文斯敦灣，通往墨西哥灣。

水牛溪有許多條支流紛紛由南、北注入水牛溪主流：首先White Oak Bayou（白橡溪）自北而來，流經西北地方及Heights，在城中心（Downtown）匯入水牛溪；其次Brays

Bayou從西南邊流經Braeswood Blvd猶太居民區、Texas Medical Center（德克薩斯醫學中心）、休士頓大學附近，蜿蜒而流，最後在Harrisburg的Broadway St.及E Navigation Blvd附近注入水牛溪的船運航道；再向東則是Sims Bayou自西南流經休斯敦南部和市區東部，在610 Loop之東匯入水牛溪的船運航道。

再向東還有Hunting、Green、Carpenter三條支流由北而來，在城的東郊注入船運航道。在Carpenter Bayou向東不遠，水牛溪在San Jacinto Battlefield與由北而來的San Jacinto River交匯，水道寬闊，流經Baytown、Morgans Point進入蓋文斯敦灣。

縱觀而論，水牛溪加之其下游的船運航道負擔了幾乎全部休斯敦城區的排水洩洪量。在這五十三英里的流道中有九處瓶頸堵塞洩洪，是以每當颶風、豪雨來臨，總是不堪負荷，水淹成災。

▎水牛溪（Buffalo Bayou）及其支流

九大瓶頸

（1）第一瓶頸：水牛溪從防洪儲水庫—Barker Reservoirs 閘門流出後，過6號公路，經Memorial Drive、River Oaks、Allen Park Way，通往市中心；這一段為高級住宅區與商業區，河道往往是大商巨賈的後花園。一直保持自然，任其堵塞而沒做適當的防洪設施，以致每當暴雨或颶風則氾濫成災，慘不忍睹！

（2）第二瓶頸：市中心（Downtown）White Oak Bayou（白橡溪）和水牛溪交匯之處及其附近；原為十九世紀的碼頭，近年曾開發為旅遊河渠，限制了洩水流量，颶風、暴雨往往淹水超過五米。

第一瓶頸：從Meomerial Diver經River Oaks到Allen Park Way

第二瓶頸：市中心（Downtown）White Oak Bayou（白橡溪）
和水牛溪交匯之處及其附近

左：第三瓶頸：船運航道
右：第四瓶頸：位於Harrisburg的Brays Bayou與船運航道交匯之處

（3）第三瓶頸：船運航道：沿岸均為碼頭，本非良好的洩洪系統，加之潮汐作用，往往造成海水倒灌，加大市區水淹的災情。

（4）第四瓶頸：位於Harrisburg的Brays Bayou與船運航道交匯之處；Brays Bayou沿途雖一再拓寬，但由於匯入船運航道之處與由市中心流過來的巨流搶道，加之潮汐影響，洩洪緩慢，造成Brays Bayou沿岸住宅、醫院、學校氾濫成災。

（5）第五瓶頸：Sims Bayou匯入船運航道之處；與前段所述相同，洩洪緩慢。

（6）第六瓶頸：Hunting Bayou匯入船運航道之處；與上段所述相同，洩洪緩慢。

左：第五瓶頸：Sims Bayou匯入船運航道
右：第六瓶頸:Hunting Bayou匯入船運航道之處

（7）第七瓶頸：Green Bayou匯入船運航道之處；與上段所
述相同，洩洪緩慢。

（8）第八瓶頸：Carpenter Bayou匯入船運航道之處；與上
段所述相同，洩洪緩慢。

第七瓶頸:Green Bayou匯入船運航道之處

左：第八瓶頸:Carpenter Bayou匯入船運航道之處
右：第九瓶頸:San Jacinto Battlefield；水牛溪匯入由北而來的San Jacinto River

（9）第九瓶頸：San Jacinto Battlefield；水牛溪與由北而
來的San Jacinto River交匯，洩洪減慢。下游流經
Baytown、Morgans Point進入蓋文斯敦灣，雖水道寬
闊，但呈倒喇叭形，潮汐作用較大，不利於洩洪。

颶風與水災

休斯敦鄰近墨西哥灣，每年夏季、秋初北半球的大西洋
熱帶濕氣就可能形成颶風（Hurricane），慢慢向西、西北移
動，襲擊加勒比海諸島、美東岸、佛羅里達、路易斯安那、
墨西哥及德克薩斯等地。颶風帶給休斯敦及其鄰近地區的災
害有四方面：

（1）浪：

　　這主要發生在蓋文斯敦（Galveston）島，包勒法（Bolivar）半島等靠海的地區，往往是颶風眼登陸所在。當颶風眼在此登陸，或接近這些地區，均會帶來洶湧的海浪，導致海水倒灌，淹沒大量的房屋、道路及公共設施，造成嚴重的人畜死傷及經濟損失。

　　譬如1900年蓋文斯敦遭遇強烈颶風襲擊，整個島嶼被海浪淹沒，加之強風使得全島大部分房屋被搗毀，造成六千到一萬二千人死亡、失蹤的重大災情。

　　2005年8月的克翠娜（Katrina）颶風，就是因大浪侵襲新奧爾良（New Orleans）內海，海水倒灌以致破堤淹沒了半個新奧爾良城，造成該城一個世紀以來最慘重的災害。

▍1900年蓋維斯頓遭遇強烈颶風後的慘況之二

一個月後（2005年9月），五級颶風麗塔（Rita）正對休斯敦及蓋文斯敦而來，風勢為一世紀來最兇猛之一。當時估計，這個颶風帶來的巨浪將使蓋文斯敦，以及休斯敦東部靠蓋文斯敦海灣的區域全部被海水淹沒。而強風將摧毀大部分房舍的屋頂，也將拔樹、倒牆。另外大雨會淹沒許多河邊及低窪的村落。

有鑒於一個月前新奧爾良的慘痛經驗，政府督促各區百姓積極撤往內陸。約兩百萬人驚慌地朝內陸疏散。向北面的達拉斯（Dallas）、西面的奧斯丁（Austin）、聖安東尼奧（San Antonio），和向南去墨西哥的高速公路上擠滿了車輛，使得大多的人塞在公路上十多小時，無法動彈。最不幸的是一輛滿載的巴士因故障起火，燒死了幾十個老人。

可能是老天開恩，最後麗塔東移，在距蓋文斯敦六七

十英里，德州與路易斯安那州（Louisiana）交界偏西，人煙稀少之處登陸，沒有造成重大災害，休斯敦安然無恙。

2008年艾克（Ike）颶風肆虐休斯敦，颶風眼在蓋文斯敦島東端，也就是蓋文斯敦海灣出海口的地方登陸。這個颶風雖僅屬二級，但蓋文斯敦首當其衝，15英尺的巨浪、海水倒灌使得沿岸的商店、旅社損失慘重。特別是許多海邊釣魚、遊樂的伸展臺（Pier）都被風浪一掃而空。那裡原有一個五十年歷史，當時由華人經營的海上旅館——Flagship的連岸橋樑被沖斷、大樓也被擊裂。

2008年艾克（Ike）颶風侵襲蓋文斯敦的慘況

2008年艾克（Ike）颶風侵襲休斯敦，許多樹倒根拔。

受災最慘的是蓋文斯敦島隔海相望的包勒法半島（Bolivar Peninsula）。該半島位於蓋文斯敦海灣和墨西哥灣之間，原為釣魚、渡假勝地，有幾個小鎮，沿海岸布滿別

墅，到處都是販賣釣魚用具及魚餌的商店。因正是Ike颶風登陸點的東方，為風浪最強烈之處。半島上有一條公路，但沒有防波堤，以致大多數的別墅，商店均被掃一空。

颶風過後，破碎房屋、車輛、船隻、家畜屍體七橫八豎的堆滿半島。海浪湧進的沙土掩埋了公路及大地。此次艾克颶風在德州總共造成112人死亡，26人失蹤。其中大部分發生在包勒法半島。風災過去快一年後，我去那裡釣魚，風災的殘跡猶在。當年繁華的小鎮已無蹤影，到處是廢棄的旅社、商店、加油站，和堆滿的廢車，斷橋旁昔日人滿為患的釣魚勝地已無人問津。許多人都還住在活動房子（Trailer）

2008年艾克（Ike）颶風侵襲包勒法半島（Bolivar Peninsula）的慘況。

裡。幾十英里的半島，找不到幾個加油站，也買不到魚餌。過一小鎮，當地人告訴我：「我們這死了16個人，但還有好多人不見了！」真是滿目瘡痍，慘不忍睹。

（2）風

如上節所述，被颶風襲擊最慘的乃是墨西哥灣沿岸如

蓋文斯敦及包勒法半島的海邊和島嶼。與蓋文斯敦相較，休斯敦市區被颶風襲擊的災情相對地較輕。因為休斯敦市中心離蓋文斯敦島的海邊約60英里，市中心距蓋文斯敦海灣也有二三十英里。颶風登陸以後，受地面阻力，加之沒有海水蒸發加強風力，在反時鐘方向旋轉前進中，風力就會很快消減。

但颶風眼（颶風中心）登陸後經過的地方風力還是較大的。根據過去的記錄，大約每隔二十多年會有一次颶風眼經過休斯敦市區，強風帶給休斯敦很大的災害。

1961年的四、五級颶風卡爾拉（Carla）籠罩整個墨西哥灣，造成墨西哥Yucatán半島、路易斯安那州、德克薩斯州沿海巨大的災害。它在Port O'Connor，Texas登陸後向北橫掃美國中部、大湖區及加拿大，帶來的強風、暴雨，堪稱美國史上最大的颶風之一。所幸颶風眼的登陸點及北上途徑距休斯敦較遠，沒有帶給休斯敦巨大的損失。

再下一次的嚴重風災是1983年的三級颶風－愛麗西亞（Alicia）過境。愛麗西亞不是大颶風，但颶風眼穿過市區。我當時已來休斯敦，風暴中還見到短暫的「晴天」。那次大多人家的圍牆、籬笆倒塌，房頂也大部分受損。

2008年艾克（Ike）颶風來襲，這次老天沒放過休斯敦及蓋文斯敦。論風力，這個颶風僅屬二級，並非最大的颶風之一。但正對休斯敦而來，氣勢兇猛。最後颶風眼在蓋文斯

敦島東端，也就是蓋文斯敦海灣出海口登陸，然後沿45號公路直上，掃過休斯敦城中心（Downtown）。

休斯敦受災慘重，許多樹倒根拔，牆塌屋漏，學校關閉，大部分區域斷電，有的地方等了好幾個星期才恢復供電，弄得整城百姓叫苦連天。

休斯敦大部分的住家位於城中心及45號公路之西，也就是颶風眼過道的西邊。因北半球的颶風、颱風均為反時鐘方向旋轉，颶風眼西邊的住宅受到的風較東邊緩和。同時這次的雨量也不很大，靠西邊的區域大多沒遭水患，只有少部分低窪地方積水，這是不幸中之大幸。

另外值得一提的乃是龍捲風（tornados）。休斯敦及其附近地區伴隨颶風或暴雨來到的龍捲風，在過去的五十年裡，平均每年有五次。所幸很少造成嚴重災害。我在這四十多年裡也沒有聽說哪個朋友遭到龍捲風襲擊。.

（3）潮汐作用

休斯敦海、河的潮汐，較之世界大潮，譬如錢塘江、東加拿大St. John等地，不算很大。正常情況下潮差（Tidal range）都在兩英尺以下。但流量還是很可觀，筆者常去蓋文斯敦灣釣魚，觀察到每當大潮時，海水洶湧，流速超過每

秒4米。休斯敦的船運航道是狹長的河道，加之最後注入倒喇叭形的San Jacinto River出海入蓋文斯敦灣。這都加大潮汐的作用，對水牛溪的洩洪產生阻礙。

另外在淺海和港灣實際發生的海潮變化，不僅受到潮汐，有時還會受到氣象（風和氣壓）的強烈影響，例如風暴潮。如果風暴潮恰好與影響海區漲潮相重疊，就會使水位暴漲，海水湧進內陸，造成巨大破壞。2012年襲擊美國東北及加拿大的Sandy颶風就曾有11英尺高的風暴潮，造成巨大的災害。據推測，2005年的克翠娜（Katrina）颶風也受到風暴潮的影響而破堤淹沒了半個新奧爾良城。休斯敦船運航道如遇到風暴潮就會引起海水倒灌，加大災情。

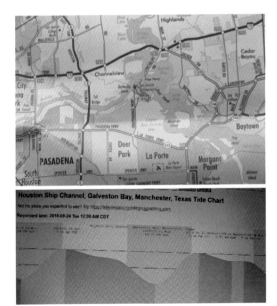

上：休斯敦船運航道及蓋文斯敦灣潮汐海面升降圖
下：San Jacinto River進入蓋維斯頓灣的空照圖

（4）雨

除了風、浪之外，颶風帶來的豪雨也往往造成重大災害。特別像休斯敦市區離海邊有一段距離，不會被海浪侵襲。如果不是多年一次的颶風眼經過市區，暴風也不會太大，造成的災害也有限。但颶風帶來的豪雨卻使得休斯敦人人「談雨色變」。近兩年休斯敦連續遭到哈威颶風和伊梅爾達熱帶風暴兩次侵襲，帶來暴雨，造成城市嚴重水患。

哈威颶風

2017年8月底，休斯敦遭到所謂「八百年一遇」的大水災，哈威（Harvey）颶風帶來的豪雨淹沒了大部分的城區及近郊，災情慘重，舉世震驚。

哈威最先於8月17日在加勒比海距Barbados 505英里之東形成熱帶低氣壓（Tropical Depression），緩慢向西移動，風力時漲時落。直到24日下午14時升級為一級颶風，其後風力迅速增強，25日23時升格成四級颶風；次日（26）臨晨3時，挾其最大風速（130英里／小時）和很低的大氣壓（937 mbar、27.7 inHg）.在德克薩斯州Rockport海岸之東的

San Jose島登陸。登陸後風勢急速減弱，當日降成為熱帶風暴（Tropical Storm），但移動緩慢，呈停滯狀態兩天之久。因此造成包括休斯敦地區的德州東南部大量的降雨。

兩天後（28日），受氣流影響，哈威的中心又南下回到墨西哥灣海域。這時候，哈威受到在休斯敦大都會一帶強烈的剪風力（wind shear）的阻擋，其中心在德州海岸進出幾次，向東緩慢移動了幾天，帶給休斯敦區域創紀錄的雨量。直到30日臨晨，哈威颶風眼在路易斯安那州Cameron之西的海岸作其第五次的登陸，風速為45英里／小時，持續向東北內陸推進，風力逐漸減弱。

在四天之內，由於哈威在德克薩斯州東部及鄰近水域緩慢徘徊，許多地區的降雨量超過1,000毫米，造成前所未有的水患。雨量累積最高達1,539毫米，哈威是美國有史以來帶來最多降雨量的熱帶氣旋之一。由此產生的洪水淹沒了休斯敦各處的房舍、道路及田野，造成3萬多人流離失所，50萬輛車子泡在水裡，基本上都報銷了；十萬棟房子進了水，住戶多日無家可歸；並造成17,000多次的救援（rescue）。颶風哈威（Hurricane Harvey）追平克翠娜（Katrina），成為造成經濟損失最大的熱帶氣旋，至少$1,250億（2017年美元）的損失及107人喪生。

哈威帶給休斯敦百姓的教訓

哈威颶風帶給休斯敦慘痛的教訓，告訴我們休斯敦雖為美國第四大城和世界石油、石化的中心，但沒有一個整套的防洪系統：在堤防、排水及泵抽三方面都是零散處理，而對擋潮防止海水倒灌從未被認真考慮；一旦有暴雨，市區內的積水不能及時排到海裡，道路、房屋都被洪水淹沒。

怨天不尤人

休斯敦人們總是抱怨老天不公平，把休斯敦地區弄得過於平坦，使積水無法宣洩。事實上休斯敦的自然排水條件絕不比都江堰、荷蘭和臺北差！只是從歷史以來，休斯敦人沒有利用與改善自然的排水系統，把該排到海裡的水及時洩掉。休斯敦有三條大河，雖然離市區中心較遠，但人們沒有設法加工利用這三條水系。休斯敦市區的海拔大都是三十多英尺，而在西部的地區海拔有七十多英尺，這和臺北盆地的情況不相上下。臺北盆地的最高點—新店的海拔也只有七十多英尺。

休斯敦有許多溪流自西向東注入蓋文斯敦灣，只惜這

些溪流大多先匯聚到水牛溪和船運航道，然後再蜿蜒、曲折地向東，最後注入蓋文斯敦灣。這樣就產生了九處「瓶頸」。先天已不足，後天又不良，禍害就更大了。

水牛溪流區災情慘重

防洪蓄水庫放水成災

上世紀30年代，休斯敦曾發生一次大水災。當時休斯敦的西邊沒有成形的村落和商業區，大片的土地荒無人煙。

號稱「百年防洪計畫」的防洪儲水庫——Barker Reservoirs惹了大禍

為了預防水牛溪經過的住家及商業區遭豪雨水患，30年代末在離城相當距離的西邊築了兩個占地廣闊的防洪儲水庫（Barker和Addicks Reservoirs），號稱「百年防洪計畫」。這兩個防洪儲水庫平常有部分是沼澤、湖泊，但大部分是旱地。後在Barker Reservoir建了一個George Bush Park，Addicks Reservoir有一部分也設為Bear Creek公園用地。每當豪雨來臨，這兩個公園就成了蓄水庫。但經過八十年的城市發展，這兩個防洪儲水庫的四周已成為人煙稠密的住宅及商業區。在建築、發展這些區域時，建造商都自掃門前雪，各自為政地在自己用地四周建堤防、挖人工湖、修排水系統，使這兩個防洪儲水庫積水越來越多，已不勝負荷。

當哈威來臨時，它們都超過了警戒線，也就是說庫存的水位太高，有破堤的危險了，那大片的休斯敦都將被淹

哈威颶風過後，開防洪儲水庫閘門向水牛溪排放巨量的洪水，淹沒了成千上萬住宅、商戶以及公路。

沒。哈威颱風已過去了好多天，但這個危險依然存在。最後政府只得決定開閘向水牛溪排放巨量的洪水，因之淹沒了成千上萬靠近水牛溪的住宅、商戶以及公路，并使得休斯敦西部的交通癱瘓長達好幾個星期。

我在哈威過境兩星期後前往Barker Reservoir向水牛溪開閘洩洪的地方去探望，只見水勢旺盛，儲水庫裡一片汪洋，水位還居高不下。那裡National Guard駐紮看守，據他們告訴我還要放水好幾周。我有些朋友，在颱風來時安然無事，但幾天後萬里無雲之際洪水洶湧而來，狼狽撤離，甚者有爬到屋頂，呼叫直升機去搶救始得脫險。洪水破窗而入，把底層的家具、書籍、珍藏一掃而空。

繁華住宅、商業區首當其衝

水牛溪自西向東流過休斯敦最繁華的住宅區、商業區，蜿蜒向東流。這條溪水大多沒有做防洪的人工整修，任其積沙堵塞，一有豪雨，水就淹到住家及公路上。這裡就是我所謂的水牛溪「第一瓶頸」

在610公路西段附近有個豪華旅館——Houston OMNI Hotel，我三十年前上班就在它的旁邊。當時這個旅館及其庭院非常豪華，我也常到那裡開會。去年我又經過那裡，發

左：豪華旅館—Houston OMNI Hotel，2015、16、17、19四年都淹水
右：哈威颶風第一瓶頸災情之一

現正在整修，據現場工人告訴我，2015、16、17連續三年這裡都淹水，一樓和庭院都浸在水裡。有一位中年婦女員工在哈威來襲時失蹤，幾天後被發現屍體被掛在旅館地下室的天花板上，慘不忍睹。我觀察旁邊流過的水牛溪，只見泥沙堵塞嚴重無比。可想城中其他的地方淹水也是逃不了的。

高速公路成河道

水牛溪自西向東，經過610環形公路，穿過Memorial Park後地勢較低。南岸為Allen Parkway；北岸是Memorial Drive。這兩個大道是休斯敦由西邊通往市中心的要道，附近均為公寓、住家、辦公大樓。這裡是水牛溪「第一瓶頸」

▌哈威颶風第一瓶頸災情之二

的末端。當哈威颶風來襲時，此地成了一片「澤國」，上水數米，足可行船，災情慘重！

市中心慘不忍睹

水牛溪流過市中心（Downtown）之處原為休斯敦建城之處的港口，正好又是White Oak Bayou（白橡溪）和水牛溪交匯之處，這裡就是我所謂的水牛溪「第二瓶頸」。河道本來就很狹窄擁擠，十多、二十年前休斯頓人突發奇想，要把這市中心的臭水溝變成像聖安東尼奧（San Antonio）的城內運河（Riverwalk），美化市容、吸引觀光客。還在河邊建了一個龐大的水族館（Aquarium），沿河兩岸建了走

左：哈威颶風第二瓶頸災情
右：哈威颶風帶給休斯敦3萬多人流離失所、50萬輛車子泡在水裡、十萬棟房子進水

道、裝飾，把原已狹窄的河道弄得更是擁塞，限制了泄水流量。當時我見了就想到：「將來淹水怎麼辦？」未出所料，哈威颶風來時這一帶淹水超過五米以上，附近的住家、商店、倉庫都泡在水裡，百姓流離失所。

Brays Bayou水患頻繁

另外的Brays Bayou支流，在市區南部，流經猶太人的住宅區、德州醫學中心（Texas Medical Center）和休斯敦大學附近，最後在Harrisburg注入水牛溪下游的船運航道。這也就是上文提到的「第四瓶頸」。Brays Bayou沿途雖一再拓寬，但由於匯入船運航道之處與由市中心流過來的巨流搶道，加之潮汐影響，洩洪緩慢，造成Brays Bayou沿岸住

▌Brays Bayou

▌哈威颶風Brays Bayou災情

宅、醫院、學校氾濫成災。從上世紀70年代我搬來休斯敦，那裡不需要等到颶風來臨，只要是有急雨，住家、學校、醫院和道路都成為澤國。

2015年的一場大雨，使得沿岸的住家及德州醫學中心許多醫院都泡在水中，損失慘重。其後許多醫院都築起活動圍牆，得以在哈威襲擊時升起活動圍牆，保住了自己的建築，但附近的其他住家、建築當然就更慘了！我認識一個人住在Brays Bayou畔的猶太人區，2015年家裡被淹，花了很大勁修好，2017年又再度浸在水裡。

2017年，哈威颶風過後，我經過猶太人住宅區，見到家家戶戶門前清出來受災後的垃圾堆積如山，真是滿目瘡痍。市政府多次整修，加寬Brays Bayou，但只能治標，而未能治本，主要是洪水總是沒法及時地疏導排洩到海灣去。

▌Brays Bayou附近的猶太人住宅區滿目瘡痍

百年老龜慣看秋風秋雨

　　有趣的乃是在靠近德州醫學中心（Texas Medical Center）的Brays Bayou水裡有一隻兩三英尺長的百年老烏龜。平常都在深水中，人見不到牠。但每當洪水氾濫，牠就跑到馬路、醫院、住家，徜徉好幾天。人們都很愛好、尊敬牠，認為牠是「吉祥之照」，沒有人去傷害牠，總是設法幫牠回到水渠中。十多、二十年前我常去醫學中心，就見到過牠兩次

自由自在的在路邊漫步。這隻百年老龜可真是「慣看秋風秋雨」！

Sugar Land村落險象環生

　　休斯敦地區在早期開發時，人稀地廣。直到我四十多年前來到此地時，西部和南部的郊外還沒有什麼住宅村落。是以在開發農田及建造村落時，大多只考慮各自的灌溉、排水及防洪問題，而沒有整體的規劃。

　　我多年來在我家附近田野的溪水釣魚，觀察到種水稻需要大量的水，就把現有水渠的水用泵抽到附近的農田。但離水渠較遠的地方只能輪種需水較少的棉花和玉米。這些地

左：哈威來時我們Sugar Land村裡大多的道路都淹了一英尺以上的水。
右：當時我們村子旁邊的Brazos River河水濤濤，水位已超過警戒線，比我們村裡的道路和有的住家都要高，離堤頂也只有七八英尺了。

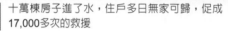

十萬棟房子進了水，住戶多日無家可歸，促成 17,000多次的救援

Missouri City村落 抽水泵失誤使得六 百多家住房進水

方供水有限，基本上「靠天吃飯」。棉花比較耐旱，從來沒有出過問題；但玉米就不行了，在過去的十幾年中，共有四年因為幾個星期沒有下雨，一望無際的玉米田都枯死精光。最近我到那又見到遠及天邊，一片枯黃的玉米桿子。由此可見休斯敦地區缺乏像臺北瑠公圳和四川都江堰的網狀灌溉系統，無法有效地防止旱災，當然也無法排洪了。

村落、工業區、醫院、學校等發展也呈現出各自為政，自掃門前雪的方式。都是各自進行排水、泵抽和堤防三項要務。譬如上次哈威來臨，我一直緊張地觀察、準備應對。當時我們村子旁邊的Brazos River河水滔滔，水位已超

Missouri City村落家家戶戶　附近散居的住戶全都被淹沒，居民損失慘重
門前清出來的垃圾堆積如山

幾個星期沒有下雨，一望無際的玉米田都枯死精光

過警戒線，比我們村裡的道路和有的住家都要高，離堤防頂也只有七八英尺了。早年建造時在堤防外預留了兩百多米的防護林，使得被洪水沖刷侵蝕的情況不嚴重。

我們附近一個村落靠著河道彎曲之處，多年洪水沖刷侵蝕，河道離村子越來越近，只好進行大工程，打樁鞏固河岸。

我們村裡有個相當大的半人工湖調節積水，排水的溝渠和下水道也很完善。另外還有三組很高流量的泵將村裡的積水抽送、排到河裡。哈威來時我們村裡大多的道路都淹了一英尺以上的水。我想試試可否涉水而過，沒走多遠車子就熄火了。所幸有兩位好心村民幫我把車推到地勢較高、沒有淹水的路上。我本以為這輛老車就報銷了，後來試了很久，大概車子進水不很深，時間也很短，居然又能啟動了。我是少有的幸運者，我的許多朋友的車子都泡在水裡一陣，全報銷了！這次哈威來襲，據估計休斯敦地區有五十萬輛車因為進水而報廢。

我們附近有一個新建的村落，他們的堤防較矮。我觀察到最後河水只差三英尺就會漫過堤防淹沒住家。他們趕緊用一英尺高的人工堤防墊高。事實上當時Sugar Land一帶每個村落都已低於Brazos River的水位，而堤防也只剩不到七八尺的高度就擋不住河水了。當時天氣預報有可能還會再

下兩天雨。所幸後來雨變小，隨之停了。否則幾乎所有的
Sugar Land村落都將被淹沒。

Missouri City村落抽水泵失誤使得六百多家住房進水

Missouri City有一個新建才幾年的村落，因為平時保養、檢修抽水泵失誤，當哈威來臨時才發現幾組高流量的水泵都無法啟動。結果使得六百多家住房進水在四英尺以上。事後許多義工涉水趕往搶救、善後，最主要的是把所有的牆壁打破、割除，以防發黴（mold）。我經過那裡，見到路旁的垃圾堆積如山。這裡每棟房子的整修復原的費用要超過十五萬元。許多家庭沒有賠償水災的保險，事發後只得自行負擔。

因為每建一個村落，都各自做堤防、挖坑修湖。哈威來時，倒霉的就是附近散居的住戶和許多活動房子（trailer）的營地，全都被淹沒，居民損失慘重！

市區立交道淹水悲劇

休斯敦有許多公路的下穿立體交叉道（underpass）都沒有特別的排水設施，也沒有應有的警告標誌。往往一

■ 中國城附近的立交道，因豪雨積水淹死駕車經過的人

陣大雨就積水使交通堵塞，也常發生慘案。譬如在中國城
（Chinatown）附近的鐵道下建了一個下穿立體交叉道。有
一次只是一陣豪雨就積了幾英尺深的水。當晚有一位不太熟
悉那裡的女士駕車經過下穿立體交叉道，車被積水淹沒，無
法打開車門而被淹死了。

哈威過境時，這種慘案發生了好幾起。休斯敦城西的8
號公路是本城最重要的環路（loop）之一，是城西的交通大
動脈。在它與水牛溪交匯附近有一段較為低窪，因為沒有應
有的排水系統，加之颶風過後上游水庫不斷放水，使得8號
公路中斷好幾個星期，整個城的西部幾乎是癱瘓狀態。

伊梅爾達熱帶風暴

2019年的伊梅爾達熱帶風暴（Imelda Tropical Storm）是美國有記錄雨量第五大的風災，最初於9月14日形成墨西哥灣內的低氣壓（Upper level low），開始緩慢地向西移動，9月17日接近德克薩斯州海岸才成型為熱帶風暴（Tropical Storm）。接著迅速發展，於下午6：30在Freeport登陸，當時風速為40英里／小時、中心氣壓為1,005 millibars（29.7 inHg）。9月19日上午降雨最多，有些區域降雨每小時超過5英寸（130 mm），休斯敦之東的Winnie小鎮雨量最高達到42英寸（1100 mm）。這個熱帶風暴帶給德克薩斯和路易斯安那州豪雨，造成水淹。

伊梅爾達帶給休斯敦百姓的教訓

與哈威颶風相比，伊梅爾達熱帶風暴是屬於「短平快」型的水患，降雨時間不長、涉及範圍不廣，但休斯敦一些局部區域受災慘重，與哈威颶風情況不相上下。

國際機場淹水關閉

休斯敦的國際機場（Houston George Bush Intercontinental Airport）在19日上午降下豪雨，跑道淹水，飛機起落危險，機場附近的公路也大多淹沒，無法通行。只得關閉機場好幾個小時，造成655次航班被取消或延誤。原本去接送乘客的車輛大多被水淹阻塞，在公路旁等待六七個鐘頭才能通行。我與老妻從北京飛回，原本在上午10點就應在該機場降落，結果飛到達拉斯機場（Dallas-Fort Worth International Airport），在跑道、停機

上：伊梅爾達熱帶風暴第一瓶頸災情。
下：伊梅爾達熱帶風暴第二瓶頸災情。

坪待了好幾小時，然後搭乘巴士，回到休斯敦機場已是午夜，整整折磨了14個鐘頭，疲憊不堪！

另外哈比（Hobby）機場也位於城東部，受災情況也十分嚴重。

第一瓶頸：Allen Park Way與Memorial Drive，這兩個由西邊通往市中心的要道，也就是「第一瓶頸」，受災狀況和哈威來襲時相同，全部淹沒。靠近610公路的豪華旅館——Houston OMNI Hotel的一樓和庭院都被水牛溪漲水淹沒。我事後打電話去問旅館前臺，他們對我說這次伊梅爾達熱帶風暴來臨，他們旅館安然無恙；幾天後到那裡觀察，遇到幾位工作人員，他們告訴我：「這個旅館這次淹慘了，過去五年淹了四次大水，應該是時候整治水牛溪了！」

第二瓶頸：號稱「第二瓶頸」的市中心與哈威來時別無二致，靠近水牛溪的房屋、道路、橋樑都被洪水淹沒。

第四瓶頸：以往受「第四瓶頸」影響，嚴重淹水的Brays Bayou兩岸，卻是安然無恙。因為西南區沒有遭到豪雨，得以躲過一難。

中國城：休斯敦的中國城經過幾小時的傾盆大雨，道路大多淹沒，交通堵塞了近半日。

高速公路：許多高速公路的交口，特別是低窪的立交道，都漲了水，同時發生幾起車輛進水喪命的慘案。

城東區住宅區：和上次哈威颶風相似，許多城東區的住宅區成為澤國，許多學校關閉停課。

直到近日的統計，此次水災至少有五人喪命；至於經濟的損失，還沒見到可靠的資料。但自從哈威颶風以來，引起人們對休斯敦的房地產很大的疑問，這次伊梅爾達熱帶風暴使人感到休斯敦任何地方都有可能在某個時候遭到淹水，這個城市是個好的居住地方嗎？

總結

總的來說，休斯敦從建城起就沒有整體的灌溉與防洪規劃，城區有許多溪流也沒能加以利用、整治。因為這些溪流都陸續交匯到水牛溪，再經船運航道出海，其中造成九處「瓶頸」。早期農莊開墾時沒有形成像都江堰、瑠公圳一樣的灌溉、排洪水圳網狀系統；在城市發展中也沒有像臺北

伊梅爾達熱帶風暴淹水，居民流離慘況。

市、都江堰和荷蘭幾個地方，在增建堤防、擋潮防洪、泵抽積水以及疏導洪水幾方面做有系統的設施。形成今日各自為政、頭痛醫頭、腳痛醫腳的排水洩洪局面。是以幾乎每當遇到豪雨，就會有些區域淹水，而每逢颱風來襲則整個城市遍地成澤國。如今的當政者和新聞界很少呼籲根本的防洪治本，而多抱怨天時不濟與缺乏地利。如今休斯敦水患的問題可謂「每況愈下」！

　　事實上我們不應該把責任都推給老天爺，像哈威和伊梅爾達水災乃是一個由天、地、人集合而造成的災難。人類文明的發展就是不斷與洪水奮鬥的歷史：大禹治水、諾亞方舟、兩河流域文明、尼羅河流域文明、印度河流域文明、黃河流域文明，哪個不是從克服水患走過來的？我們休斯敦人才濟濟、資源豐富，將來必能像都江堰、荷蘭、臺北一樣，征服洪水，重建美好的家園！

第五章：

臺北的水患、防洪系統與瑠公圳的貢獻

臺北盆地風雨

　　還記得我幼年時在臺北就經歷了不知多少次「颱風警報」。雨和風是臺灣颱風帶來的兩大威脅。臺灣高山深谷多，颱風帶來的大量雨水往往造成洪水，傾瀉到沿海平原、盆地，水勢洶湧可怕。就拿臺北來說，乃是新店溪、淡水河、基隆河與東面山脈環抱的盆地。原為低窪沼澤，直至清初乾隆年間，人們始逐漸進入開發。當1949年國府遷台時，三條河僅少部分修建了堤防，卻是大量由大陸新遷來的移民都居住在靠近河流的低窪地帶，譬如永和、中和、双園、南機場、汐止等地。每當颱風來臨，河水暴漲，新移來的近河居民多遭水淹。而當時地下排水系統未臻完善，城中低窪地區往往積水成災。

　　我幼年時住在距新店溪的中正橋不遠，暑假常在溪中游泳。平時溪水緩流，清澈見底，河面僅寬一兩百米，但每當颱風過後，山洪暴發，新店溪波濤洶湧，水渾而寒，水速每秒好幾米，河面有似長江大河，寬千米以上。附近百姓房舍淹沒，也常有居民喪生。

　　臺北盆地位於臺灣西部，中央山脈遮擋了強風，是以一般由風所造成的災害不及雨大。但也曾有幾次風災不小，

特別有一次「颱風眼」通過臺北，風刮了好一陣，居然天「晴」了個把鐘頭，不久大風與雨又起。颱風過後，大多住家的竹籬笆均倒塌，房頂也多漏水。

超強颱風葛樂禮

在我記憶中，當年在臺北遇到的最大的風災就是超強颱風葛樂禮。1963年9月初，正當費依颱風通過巴士海峽時，在關島西北方近海有一氣流擾動正在醞釀。隨著費依颱風進入南海，關島附近的氣流擾動遂增強成為輕度颱風，9月6日早上8時命名為「葛樂禮」，初向西行，並迅速發展。7日轉為西偏北行進。9日臺灣各地風雨漸增。10日凌晨，暴風半徑已到達臺灣東海岸。11日從臺灣基隆北海岸擦肩而過，掠過宜蘭、臺北等地區，造成北部地方相當大的豪雨。

超強颱風葛樂禮災情

　　由於雨量太大及正值漲潮期，而排水系統過於老舊，再加上原來可以含水的地區已蓋起大樓，導致大雨無處宣洩，積水非常嚴重，雖增加抽水站仍緩不濟急，加上石門水庫洩洪，造成臺北盆地大洪潦，三重、蘆洲等地頓成澤國，臺北市大同區也受災慘重，臺北市日新國小附近淹水有一層樓高。臺北縣則以板橋浮洲里婦聯一、二村洪潦最為嚴重。

　　全台共有224人死亡、450人受傷及88人失蹤，房屋全倒者計13,950戶，半倒者計10,783戶，農林漁牧、交通產業與民眾財產等損失，總計高達新臺幣14億元以上。

以瑠公圳為基礎的市內排水系統

　　從人類文明的發展史觀之，兩河流域文明、尼羅河流域文明、印度河流域文明、黃河流域文明莫不是始於開鑿水渠以利灌溉與防洪，是以灌溉和防洪乃是相輔相成，或互為因果。羅馬在兩千五百年前就建成地下的城市供

▌羅馬兩千五百年前的地下城市供水、排洪系統

水、排洪系統，使之昌盛發達。本書上一章敘述了兩千多年來都江堰所在的成都平原不斷地開鑿水渠，形成網狀灌溉、防洪系統，使得百姓免於水患，四川成為天府之國。上一章也討論了美國休斯敦在城市發展歷史中未能建立網狀灌溉系統，加之缺乏整體的城市規劃，沒有成形的洩洪系統。以至每當颶風、暴雨來襲，整個或局部的城區盡成澤國，市民生命、財產損失慘重。

開發臺北盆地之初，郭錫瑠先生毅然開鑿瑠公圳，從臺北盆地地勢最高點新店引水灌溉如今臺北精華所在，支線遍及臺北東區，形成雛形的灌溉、洩洪系統。其後歷經清代、日據、民國時期，在其基礎上不斷增建，並連接霧裡薛圳、大坪林圳、新生南、北路大水溝以及其他天然溪水，形成臺北盆地整體的網狀灌溉、洩洪系統。如今大部農田都已轉換成高樓大廈，而諸多水渠均已改換成地下排水道。其灌溉作用基本上已成昨日黃花，但其洩洪作用有勝於當年，瑠公圳造福臺北、臺灣百姓的偉績至今猶盛。

泵抽水站

一個大城市，人口眾多，地緣廣大，加之城市建設，日新月異。縱然有良好的網狀排水管道，但往往在颶風、

暴雨時排水還不夠迅速。需要再加以人工泵抽加速排水、洩洪。本書上一章講述到荷蘭的填海防洪工程，應用大型高速的泵抽裝置將低窪地區的水泵送到大海，工程浩大，收效良好。

臺北市累積了數十年颱風、暴雨的經驗，現今設置了65座永久雨水抽水站和21座臨時雨水抽水站，共有402個抽水機組，每當颱風、豪雨襲擊時，每一個抽水站都是一個集水區，透過原本就佈設好的排水管網，將那個區域的雨水集中導流，再統一抽出去。這些抽水站和抽水機組，24小時待命。其中最大的抽水站是南港玉成抽水站，號稱東南亞最先進、規模最大的抽水站。站內安裝了7部抽水機組，負責台北市東部信義、南港及松山等區域的排水重任。最近耗資新台幣8.1億元進行了機組更新，總抽水量達到每秒234立方米（噸），約8秒可抽乾一個國際標準游泳池的水量。

現臺北市的總抽水量達到每秒2114立方米（噸），等於1.13個標準奧林匹克游泳池水容量。換句話說，每小時可泵抽762萬立方米（噸），每天的抽水量高達1億8千2百萬立方米（噸），等於約10萬個

柯文哲巡視玉成抽水站

淡水河堤防

標準奧林匹克游泳池的水容量。這樣高的抽水量估計可達到
「200年一遇大水防洪標準」。

增建、完善堤防

　　由於淡水河流域匯集二千七百多平方公里範圍內的許
多水流，注入面積僅約240平方公里的臺北盆地，故臺北盆
地於豪雨來臨時洪患相當嚴重，必須沿著淡水河及其支流兩
岸興建堤防以防止洪水流入臺北都會區。1949年，只有在三
條河流兩岸，譬如萬華、大稻埕、水源路等很少的地段才有
堤防。國府遷台後陸續在河流兩岸增建堤防，至今基本上台
北盆地在淡水河、大漢溪、新店溪和基隆河兩岸的新店、景
美、安坑、秀朗、南勢角、水源路、南機場、雙園、新莊、
五股、三重、二重、蘆洲、泰山、五股、萬華、大稻埕、士

林、大直、內湖、汐止、南港、北投、官渡等地已全部修建堤防，築起522公里的長堤，覆蓋99%水域兩岸，形成完善的防洪系統。

興建石門水庫及石門大圳

請參閱本書附錄一：臺灣水圳的發展。

二重疏洪道

因為潮汐、地層下陷以及關渡、臺北大橋、中山橋等水流瓶頸，洪水無法順利流出臺北盆地。民國69年（1980年）以前，淡水河中上游河道無明顯人工控制防洪結構，河

▌二重疏洪道

道主要沖淤現象係由天然流量、暴雨洪水所形成。

1980年開始，依照「臺北地區防洪計畫建議方案」內容執行淡水河流域洪水防治計畫，至1999年工程完成。首先以闢建二重疏洪道防洪計畫，藉以維持臺北都會區正常排水運作。二重疏洪道位於新北市，於1979年奉行政院核定《第1期防洪計畫》，1982年開始實施，1984年完成，是一條長約7.7公里、寬450至700公尺，面積約424公頃的排洪道，左右堤岸與新北市的五股區、新莊區、三重區、蘆洲區相鄰，為「大臺北防洪計畫」之第一期。設計之初主要是防洪之用，後來延伸兼具休閒和保育的功能。

1984年，政府徵收洲仔尾（五股鄉洲後村、竹華兩村和更寮村的部分土地）為洩洪區而廢村，後開闢疏洪道。當時政府強制洲仔尾居民搬遷，居民雖然極力抗爭，但是最後還是被遷至蘆洲灰磘重劃區，今蘆洲忠義廟即是從洲仔尾遷建。第二期防洪計畫從1985年至1987年，為加高堤防高度，使之達到200年洪水頻率。第三期防洪計畫於1990年開始，於1996年完成。保護範圍包括新莊、五股、三重、蘆洲、泰山等地區。下圖顯示在颱風來襲時，二重疏洪道起了顯著的洩洪作用，將大量由大漢溪和新店溪傾洩的洪水分流，減輕主流淡水河洩洪負擔，因之防範了三重、二重、新莊、板橋、萬華、大稻埕及其他許多沿河區域可能發生的破堤氾濫。

▌二重疏洪道（綠色）與員山仔分洪道（紅色）地圖

員山仔分洪道

　　員山仔分洪道是位於臺灣新北市瑞芳區的水利設施（分洪水道），以隧道方式銜接基隆河瑞芳河段與中國東海。其主要功能是為了避免基隆河上游在降雨量過大時造成下游地區淹水，而將基隆河部分河水以自然溢流分洪攔河堰方式導引洪水，降低基隆河水位，而洪水則透過分洪隧道經基隆山西麓於東北角的臺2

▌員山仔分洪道

線76公里處排入海中。

1987年（民國76年）10月琳恩颱風帶來豪雨，造成臺北市廣大地區遭受水患。台灣省水利局規劃總隊重新研究擬於員山子築堰分洪之可行性。政府於2002年編列特別預算新台幣316億餘元推動「基隆河整體治理計畫」。員山子分洪工程為計畫主體工程之一，於臺北縣瑞芳鎮瑞柑新村旁施設進水口分洪結構、開鑿內徑12公尺、長度2,483.5公尺引水隧道及出水口放流設施，完成後每秒可導引1,310立方公尺水量進入東海，使基隆河自侯硐介壽橋以下河段可達200年重現期距之防洪保護標準，全部工程於2005年7月竣工。

在2015年9月強颱杜鵑來襲時，員山子分洪堰最高水位達66米，分洪量達每秒932立方米，分洪體積2021萬立方米，相當於8,100個標準游泳池水量。經濟部表示，員山子分洪道可將基隆河81%洪水分流入東海，亞洲最大分洪道──「員山子分洪道」確保基隆河下游的臺北盆地，特別是南港、汐止一帶倖免於水患。

淡水河沿岸堤防亦大致完成200年重現期洪水防治目標，此後淡水河整體河道沖淤特性明顯受兩岸堤防束限，洪水不再自由漫溢。在2004年完成基隆河上游「員山子分洪工程」，自此淡水河防洪體系更趨於完整。

緬懷瑠公圳對台北灌溉、防洪的巨大貢獻

由本章對臺北盆地防洪的歷史發展可知，現今臺北有完善的防洪系統，人民免於水患，而其基礎則始自近三百年前瑠公圳形成的網狀灌溉、洩洪系統。郭錫瑠父子開鑿瑠公圳，堪比李冰父子築都江堰，造福世代人民福祉至今。

只惜當今臺灣當政者媚日忘祖，對瑠公父子的功績逐漸淡化。以往在新店碧潭瑠公圳取水口曾建有一座莊嚴美觀的瑠公紀念牌坊和公園，後假借修建北二基高速公路之名將之拆除，而公路完成後不再復建。筆者曾尋訪新店文化部門，談到恢復瑠公紀念碑及設立紀念館之事，均被告以「缺乏經費」而胎死腹中。據聞當政者為突出八田與一「水利之父」的意識形態，有意壓低其他任何篳路藍縷為臺灣水利建設做出貢獻的先賢。令我感到「數典忘祖」，這正是一個民族、族群走向墮落、衰亡的表徵。

所幸在我逐次返台旅途中也曾聽到有些恢復紀念瑠公圳的呼聲，譬如台大的「瑠公圳台大段親水空間復育計畫」，在台大校園裡恢復1.8公里的瑠公圳，通到醉月湖，設立紀念碑，美化校園。可是自民國90年初經校務會議決議正式通過至今已近二十年，猶未見其實施。最近管中閔校長就任後一再重視此專案。希望我們近期能見其完工。

第六章：

結論：興台之圳—瑠公圳

　　水利乃富國強兵、造福黎民之本。昔西門豹掘渠道引漳河灌溉鄴縣，魏文侯富足威震七雄；鄭國築水渠啟關中沃野千里，秦始皇叱吒一統天下；李冰父子築都江堰，漢高祖從容兼併群雄；李元昊鑿昊王渠，西夏雄霸西北垂二百載。郭錫瑠先生艱辛備嘗、鍥而不捨開鑿瑠公圳以利灌溉、防洪，造福世代人民福祉至今。其功績於臺灣，堪比李冰父子築都江堰功在四川。瑠公圳不愧為「興台之圳」，豐碑永照史冊！

| 附錄

一、臺灣水圳的發展

　　水源是開發農業的首要條件。水源來自降雨和湖泊、河川，但世界上除了極少數地區如熱帶雨林之外，很少地方有常年均衡降雨。是以農耕總是從湖泊、河川之畔開始，或挖坑（坡、埤、陂）儲水。為了擴大耕地到遠離湖、川之處，就必須開鑿水圳引水灌溉。戰國時期魏國西門豹引漳水入渠灌溉農田，並以防洪水，禾稼倍收，百姓樂業；秦國築鄭國渠引涇河水入關中平原，澆灌農田4萬餘頃，其蜀郡守李冰築都江堰灌溉成都平原，為秦統一天下奠定了基礎。

　　臺灣氣候屬亞熱帶海島型，每年平均降雨量高達2500釐米以上。只是降雨期集中在5到10月，而從11月到次年4月雨量不足，影響耕作。加之夏秋颱風暴雨，山洪爆發，平原氾濫成災，淹沒農田。早期原住民粗耕多以挖坑蓄水；荷蘭

人在赤崁也是利用埤、陂儲水以種植水稻。清代漢人移民洶湧而至，近湖泊、河川的土地已開發殆盡，而離得較遠的土地尚大多荒蕪，百姓及政府遂開始築渠引水灌溉。清代、日據時代及光復後，墾地持續擴大，水渠也隨之不斷開鑿。據水利專家張文亮統計，過去的三四百年，臺灣總共開鑿水圳40,074公里，比地球赤道還長。可供水量高達129億噸，灌溉面積為60萬公頃，可見臺灣水圳工程源遠流長、規模宏大。現僅將各地區的重要水圳列表如下：

北部

臺北：七星水圳系統、北海基隆水圳系統、新海水圳系統、
　　　瑠公圳系統；
桃園：桃園大圳、石門大圳、湖口—大溪灌溉區；
新竹：東興圳、舊港圳、隆恩圳、竹東圳與寶山水庫。

中部

苗栗：大埔圳、隆恩圳、嘉志閣圳、後龍圳、龜山大陂圳、
　　　卓蘭圳、樟樹林圳、穿龍圳；
台中：大甲圳、五福圳、大肚圳、後里圳、葫蘆墩圳、八寶

圳、阿罩霧圳、白冷圳、苑裡幹圳、王田圳、知高圳；

彰化：八堡圳、莿仔埤圳、福馬圳、東西圳；

雲林：斗六大圳、鹿場課圳、引西圳；

南投：茄荖媽助圳、同源圳、北投新圳、龍泉圳、隆恩圳、
集集大圳。

南部

嘉義：嘉南大圳、道將圳、隆恩圳、中興圳、大林圳；

台南：虎頭埤、鹽水埤、白河水庫；

高雄：曹公圳、阿公店水庫、復興渠、旗山圳、仙人圳、獅
子頭圳；

屏東：舊寮圳、里港圳、隘寮圳、德協圳、萬丹圳、大陂
圳、南門埤圳、新埤圳。

東部

宜蘭：三鬮圳幹線、金同春圳、充館圳、萬長春圳、冬山
圳、八寶圳、金長安圳、埤頭陡門圳、叭哩沙圳、月
眉圳、大光明圳、埔林圳；

花蓮：吉安圳、豐田圳、太平渠；

台東：池上圳、長濱大圳、關山大圳、鹿野大圳，卑南大
圳、知本圳。

在這三、四百年建造的多不勝舉的水圳中，以下列幾
個最具規模，也對開發臺灣影響最大：

清代

彰化八堡圳

早期最具規模的乃是康熙四十八年（1709年），兵馬
指揮施世榜在彰化所開鑿的八堡圳。該圳原叫施厝圳，又名
濁水圳。當時清政府在彰化二水鄉鼻仔頭附近引濁水溪水
灌溉彰化縣十三堡中的東
螺東、東螺西、武東、武
西、燕霧上、燕霧下、馬
芝及線東等八堡。為清代
全臺灣最大規模的水利工
程，開發了彰化大部分的
良田。

▌彰化八堡圳

台中葫蘆墩圳

雍正元年（1723年），張達京獨資，在台中豐原地區開鑿下埤圳。採取「割地換水」方式，以漢人八平埔二的比例分水。雍正十年（1732年），張再度以地換水，出資開鑿上埤圳。

道光三年（1823年），陳天來等五人合資開鑿下溪州圳，灌溉農田200甲。

日據時代的大正十二年（1923年）從樸仔籬口引大甲溪水，為南幹線，連接上、下埤及下溪州圳，次年完工，定名「貓霧捒圳」，今日稱為「葫蘆墩圳」。

台中葫蘆墩圳

臺北瑠公圳

乾隆四年（1739年），
郭錫瑠出資開鑿。（詳見第
四章）

台北瑠公圳

鳳山曹公圳

道光十七年（1837年），鳳山縣遇到旱災。縣令曹謹
到高雄九曲堂附近見到下淡水溪（今高屏溪）水量充沛，乃
開鑿水渠引下淡水溪水灌溉鳳山農田。開工之初受到當地鄉
民極力反對，認為破壞了當地的風水。但完工後使數千頃貧
瘠土地變成良田，百姓深受其惠，被定名為「曹公圳」。後
曹謹又擴建、灌溉如今高雄大寮鄉、林園鄉、鳳山市，高雄
小港、三民區鐵道沿線直達愛河；向北還包括高雄縣鳥松
鄉、仁武鄉，高雄左營區、鼓山區。灌溉範圍幾乎涵括高雄
縣、市所有農業精華區，奠定發展高雄的基礎。

鳳山曹公圳

日據時代

嘉南大圳與烏山頭水庫

　　日據時代最重要的農田水利工程是嘉南大圳和烏山頭水庫。嘉南平原是全臺灣最大的平原，幾乎是全省唯一可以四望不見山巒的廣闊地帶。因為平地廣闊，有許多區域距天然河溪較遠，加之季節性河溪水量降低，以至很多田地灌溉條件不佳。根據1920年的調查，嘉南平原的旱田面積占總耕地面積的三分之二左右，水田面積遠比其他地區的水田面積比例低。

　　甲午戰爭之後，日本據有臺灣，為了對台殖民和對外擴展政策，遂擬定「日本工業、臺灣農業」的方針。針對日本米、糖的需求，嘉南平原成為日據臺灣總督府興建大規模水利工程的地區。

左：烏山頭水庫
右：嘉南大圳

　　嘉南大圳，原稱官佃溪埤圳，由臺灣總督府工程師八田與一設計，1920年（大正9年）9月開始建造，耗時十年，於1930年5月竣工。以灌溉區域涵蓋當時嘉義廳、台南廳得名（今雲林、嘉義、台南、高雄等縣市）。首先建造烏山頭水庫，之後開鑿水路溝通曾文溪和濁水溪兩大河流系統。其主要設施包括：

（1）烏山頭水庫：位於曾文溪支流官佃溪上游，積水面積58平方公里，水庫容積約1.5億立方米，最大水深32米。壩體最大高度為56米，壩頂標高為66.66米，滿水位標高58.18米，壩頂長1,273米，壩頂寬9米，壩底寬約303米。水庫原為台南縣官田鄉、六甲鄉、大內鄉、東山鄉間的低窪谷地；水源取自曾文溪上游大埔溪，為一個離槽水庫，進水隧道長三千多米，穿越烏山嶺至官佃溪上游。

（2）濁水溪進水口：除了烏山頭水庫，嘉南大圳也於濁水溪設立三處進水口，分別為林內第一進水口、林內第二進水口與中圍子第三進水口。

（3）南幹線與北幹線：灌溉用水自烏山頭水庫流出後，分為北幹線與南幹線。北幹線自烏山頭北行，跨急水溪、八掌溪、朴子溪到北港溪南岸，南幹線向南跨越官佃溪、曾文溪至善化鎮連接南幹支線。

（4）濁幹線：來自濁水溪水的灌溉線路為濁幹線，自林內第一進水口沿舊虎尾溪左岸南行至北港溪與北幹線相連。

（5）排水路、防潮與防水設備：排水路46條，防水堤防228公里，防潮堤104公里。

　　嘉南大圳完工通水後，耕地形態產生變化，水田面積增加，旱田減少，土壤質地改善，解決乾旱及鹽害問題，農作物生產結構隨之改變，使嘉南平原成為稻米產地，可種植蓬萊米，並有利於甘蔗種植，改良成功後即實施三年輪作制，土地生產力增加，作物收穫量提高，土地買賣價格及租佃價格亦同時提升。嘉南平原水田因之大幅增加，而4年後稻獲量亦增加為4倍。

　　但1930年代世界經濟大恐慌，日本亦發生昭和金融恐慌，使得米價下跌。日本農林省於1932年下令限制臺灣米、朝鮮米輸入藉以保護日本本土農業，導致臺灣引發「臺灣米移入限制反對運動」。之後因日本發動九一八、七七事變等侵華戰爭和太平洋戰爭，日本政府又通過《米谷配給統制法》，使得臺灣農民抗爭直到戰爭結束，臺灣光復之際。

　　總的來說，烏山頭水庫是當今臺灣最大的水庫，而嘉南大圳是臺灣最大的水利工程。雖然當年日本政府是為了其侵略擴張制定的「日本工業、臺灣農業」策略而籌建，但也

對其後臺灣農業發展做出了重大貢獻。

作為其設計總工程師的八田與一是一個傑出的技術人員和科學家，為臺灣的水利工程做出了貢獻。只惜他身為日本政府官員，1941年底太平洋戰爭爆發，日本全面侵略東南亞及南太平洋諸島。他被日本陸軍部任命為「南方開發派遣要員」，會同拓務團、商工團等一千余人組成「南方經濟挺身隊」，前往東南亞及南太平洋諸島日軍佔領區進行棉田灌溉設施調查。他們於1942年5月5日在廣島宇品港登上郵輪大洋丸號前往菲律賓。當時日本和美國在菲律賓的戰爭還未結束。而日本和美國雙方的海軍正在準備中途島之戰，太平洋上戰艦密布。

大洋丸號不幸於5月8日夜間在中國東海被美國潛艇長尾鱈號USS Grenadier（SS-210）發射的魚雷擊中，迅即爆炸起火，在8點40分沉沒；八田與一與千餘「南方經濟挺身隊」成員罹難。

奇怪的乃是一個多月後的6月10日，日本山口縣萩市的漁船「第二睦丸」（安藤晃）居然在海上尋獲八田與一的遺體。有人推測，八田與一可能在大洋丸號沉沒時尚未斃命，其後在大海中漂流了許多天，受盡折磨才死去。他的遺體在荻市火化後，骨灰由赴日善後的白木原技師在6月21日護送回臺灣，於七月下旬葬於烏山頭水庫旁。

八田與一身後遺下嬌妻與二男六女，其妻外代樹於日本戰敗投降後，投烏山頭水庫自沉而死。作為一個優秀的工程師和科學家，在日本軍國主義的侵略戰爭中英年早逝。他和其家庭的悲劇，令人感到惋惜、傷感；也深深體驗到侵略戰爭的殘酷與荒謬！

光復以後

石門水庫及石門大圳

　　石門水庫位於桃園縣東南，攔截大漢溪（大嵙崁溪）中游溪水，在群山環抱間形成廣闊的深潭，蓄水作為石門大圳灌溉之需。最早提出開鑿石門大圳的人是開發曹公圳的曹謹。根據《淡水廳志》記載，在他於道光二十一到二十五年（1841-1845年）擔任淡水同知時曾倡議在大嵙崁後山的滿仔莊鑿渠引水灌溉中壢一帶。但當時在水源之處居住的原住民一再干擾，而

上：石門大圳
下：石門水庫

大嵙崁溪畔居住的漳州移民不同意引水給中壢的廣東移民。這個計畫遂沒能實施。日據時代的昭和四年（1929年），日籍工程師八田與一也擬定「昭和水利計畫」，主張在石門附近興建水庫，作為灌溉、防洪與發電之用。但因資金和技術問題，加之為了準備侵華及太平洋戰爭，這個計畫沒有得到日本政府的批准。

國民政府遷台以後於民國四十三年（1954年）成立「石門水庫設計委員會」；民國四十五年（1956年）由當時的副總統陳誠擔任主任委員。1956年7月開始興建，歷時八年，直到民國五十三年（1964年）6月14日石門水庫正式竣工，開始營運。

石門水庫和石門大圳不但儲蓄了大量的水源，又併入許多清代及日據時期的舊圳道，譬如乾隆年間薛啟隆和邱、黃、廖三姓墾戶合資的「合大興圳」，得以有充裕的水源灌溉桃園縣南部和新竹縣北部的臺地，以及臺北縣新莊以南的農田。另外石門灌溉區內原有三千多個埤塘，保留了數百個作為整個石門大圳的輔助灌溉調節系統。如今石門水圳共有十七個灌溉區；大金山、楊梅為主幹道，其餘還有十六條支線。

原建庫主要的目標為灌溉、防洪與發電，其後調節供應公共給水之功能愈形重要；現每日平均由水庫調蓄之供水

量約250萬立方公尺，合計下游未控流量及三峽河抽水站，總供水量最大可達300萬立方公尺，主要供應新北市、桃園市及新竹縣湖口鄉之公共用水。

二、台北盆地早期水圳發展

在臺北盆地，「廖、簡、岳」三姓墾民於雍正元年（1723年）開鑿水渠引霧裡薛溪（景美溪）水，灌溉今公館、古亭一帶的農田，是為「霧裡薛圳」。1753-1760年，大坪林五莊墾首蕭妙興等人合股組成「金合興」號僱用石匠鑿通石硿引新店溪水灌溉新店大坪林地區，被稱為「大坪林圳」。另外安坑陳氏於乾隆元年（1736年）在新店區的河對面引新店溪水，築永豐圳灌溉安坑、秀朗莊、潭墘莊及南勢角的枋寮莊。八芝蘭（今士林）的佃農也於乾隆元年（1736年）合力開鑿福德洋圳，在如今東吳大學之後引雙溪的水灌溉基隆河之北的士林一帶。乾隆六年（1741年），原在士林的何士蘭到內湖大埤開鑿水渠，開墾荒地。

霧裡薛圳

霧裡薛圳是台北盆地內最早有紀錄的水圳，建於清雍

正年間。乾隆年間周永清籌措資金重修，灌溉台北市西側；因當時水源來自霧裡薛溪（今景美溪），於是稱為霧裡薛圳。後段併入瑠公水利組合後，前段改為排水溝渠，導入新店溪內，現今仍有多段跡循可探查。主幹線由景美經公館、基隆路圓環，大致沿汀州路走，經新生南路西側，到今溫州街附近的「九汴頭」。後分出9條分流，其中含3條主支線，分別為第一、第二及第三霧裡薛支線。

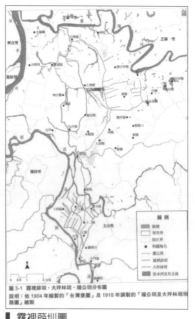

圖 3-1 霧裡薛圳、大坪林圳、瑠公圳分布圖
說明：依 1904 年繪製的「台灣堡圖」及 1918 年調製的「瑠公圳及大坪林圳路圖」繪製

▋ 霧裡薛圳圖

（1）第一霧裡薛支線

　　向東穿越國立台灣大學及辛亥路後，沿今復興南北路北行直到榮星花園，原圳道為今日之安東街，現皆已地下化，前頂好戲院與SOGO百貨後方之公園即為圳道的一部分。

（2）第二霧裡薛支線

　　穿越溫州街，經過國立台灣師範大學、三板橋（今林森北路九條通），北行至牛埔分出西新莊子支線和牛埔支線。本支線、西新莊子支線之圳道大致與新生北路平行。

▍溫州街霧裡薛圳遺址

（3）第三霧裡薛支線

經古亭至和平西路、南昌街口，目前已填平。

大坪林圳

先是郭錫瑠先生於乾隆五年（1740年）開始修築瑠公圳，但在挖鑿穿過如今新店區新店路的「開天宮」下堅硬山岩的隧道時進展緩慢。十三年後（乾隆18年、1753年），郭錫瑠資金用盡猶未能鑿穿這一百多米的石腔。正巧大坪林在乾隆年間以來就不斷有人進入開墾，需要有穩定水源。大坪林五莊墾首蕭妙興等人在當年與郭錫瑠締約，由五莊另合股組成「金合興」號接手繼續，向官府申請牌照、聘請壯民防衛原住民、僱用石匠鑿隧道。

乾隆25年（1760年），終於鑿通石硿引水路。當時稱為「青潭大圳」或「上埤大圳」，灌溉新店大坪林地區，故又稱為「大坪林圳」。金合興號再於乾隆27年（1762年）修築完成往大坪林五莊的灌溉水路，開始通水。並請官府丈量定界、確立水權所屬與各項管理規定。

股份與合併

　　原協議由大坪林五莊合股出資，但1762年灌溉水路完成前，其餘股東因無力負擔經費而反悔，便成為蕭妙興與林安兩人分占。之後林安也因擔心虧損而將股份以2,400兩銀賣出，使得整個水圳產權都屬蕭妙興獨占。之後才又讓其他股東加入、分為八股，並改原本辦公的公館「合興寮」為「合興館」。

　　光緒6年（1880年），金合興號因無力負擔圳道修繕費用，只好募集資金，讓「金同順」號投入1,800銀元後加入、擴充為十二股，並改「合興館」為「新合興館」；金同順號的劉廷達擔任圳長，負責修繕管理之務。

　　日據時代明治31年（1898年），劉廷達因年老而退出，由劉隆佺與日本人高橋利吉接手。到了1901年，大坪林圳被臺北縣公告為必須受官方監督的「公共埤圳」，成立「公共埤圳大坪林圳」（後改稱「大坪林水利組合」、「文山水利組合」）組織來管理。並於1907年向原圳主收購所有權，由管理組織自己持有。

　　光復後，管理大坪林圳的「文山水利委員會」於民國45年（1956年）被併入「瑠公農田水利會」。當初興建時就有淵源、地緣關係的三個水圳：瑠公圳、大坪林圳、霧裡薛

上：石碇地表的開天宮與新店溪
下：大坪林圳的石碇

圳，就此歸入同一組織的管理之下。

取水口

位於日本時代過橋坑段33-66地號，今青潭堰北側處以建蛇籠攔水壩取水。

幹線

從新店新烏路旁沿新店溪畔往北，經新烏路一段26巷、新店客運停車場前道路；轉彎後匯入青潭溪，原以蛇籠攔水、提升水位形成水潭，讓水可以過溪到對岸「斗門頭」。過斗門頭沿溪邊轉往西行，穿過開天宮下的引水石硿，經過大豐抽水廠進入大坪林隧道穿過新店路，在新店後街變成明渠。出國校路，進入中興路一段暗渠，繞過北宜路一段39巷又折回中興路，到廣明寺下的分水汴，分成東幹線與西幹線。

東幹線

從廣明寺下的分水汴進入光明街的巷弄、檳榔路19巷、行政街，沿五峰國中後方圍牆、大新街、中正路54巷，折入德正街27巷、寶橋停車場後方進入寶橋路。有一條支線經寶橋路85巷到技嘉科技大樓附近。

主幹線沿寶橋路穿過中興路、到寶中路又出分一條支線到正大尼龍公司。再經通用公司，轉經遠東全球工業總部、台北鐵工廠，到水尾，寶元路二段1巷。

西幹線

穿過光明街、北新路後成為明渠，經力行路10號旁、在新生街13巷與瑠公圳立體交叉，沿環河路旁到捷運小碧潭機廠，分成十二張支線和十四張支線。

十二張支線

從捷運小碧潭機廠穿過三民路巷弄、經平等街旁進入中正路302巷，到小金門友誼公園分成兩條分線。一條分線穿越民族路到二十張路。另一條分線到明德黃昏市場又分出兩條給水路。一條到明德社區，另一條到二十張。

十四張支線

從捷運小碧潭機廠轉中央路。據地方人士稱，早期的十四張的每一「張」都有一條給水路，所以十四張共有14條水道。

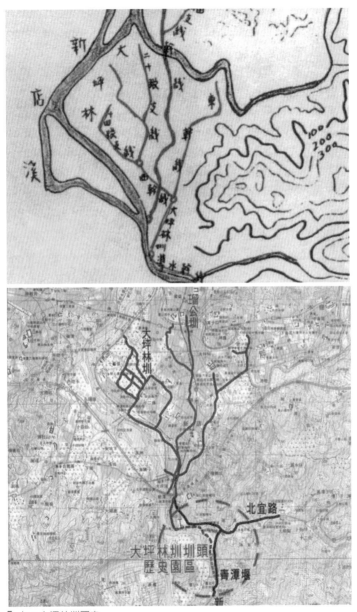

上：大坪林圳圖之一
下：大坪林圳圖之二

二十張支線

二十張支線分為東分線和西分線。東分線從二十張路穿過民權路,沿建國路到二十張福德宮後方。西分線從二十張路經中正路遠東工業城大門前直到大鵬華城。

三、臺灣的風風雨雨

臺灣位於太平洋之西,為近東亞大陸亞熱帶地區的前緣島嶼。每年夏秋,由太平洋熱帶濕氣造成威力強大的颱風,向東亞大陸侵襲。臺灣首當其衝,經常是颱風襲擊的過道。颱風帶來的浪、風、雨經常帶給百姓慘重的災害,而其中又以豪雨成災危害最大。

臺灣最大的豪雨災害

下表列出過去半個世紀臺灣最大的十次豪雨災害:

名稱	地點	年份	降雨紀錄(毫米)
颱風莫拉克	嘉義縣阿里山鄉	2009	3060
颱風納莉	臺北縣烏來鄉	2001	2319
熱帶風暴芙勞西	臺北市北投區	1969	2162

颱風賀伯	嘉義縣阿里山鄉	1996	1987
颱風琳恩	臺北市北投區	1987	1834
颱風蘇拉	宜蘭縣宜蘭市	2012	1774
颱風解拉	宜蘭縣冬山鄉	1967	1672
颱風森拉克	台中縣和平鄉	2008	1611
颱風海棠	屏東縣三地門鄉	2005	1561
颱風艾利	苗栗縣	2004	1546

　　中南部與臺北情況稍有不同，一方面山高谷深，河道狹窄，加之高山與西南季風往往滯留雲雨，造成持久降雨。我在屏東當兵時，就曾見到下淡水溪的橋樑被洪水沖毀的慘況。也看到颱風過後，四處香蕉樹傾倒，蕉民苦不堪言。像1959年的「八七水災」，淹沒了中南部許多村落、城市，災情慘重。2010年的「八八水患」與「八七水災」很相似，但雨量遠超過後者，造成的災害也是五十年來最大的。

八七水災

　　1959年8月7日發生的八七水災是臺灣史上死亡與失蹤人數最多的大水災之一。8月初，艾倫（ELLEN）颱風在硫磺島西南方海面形成後向西北行進，氣象局於8月5日0時發佈陸上臺風警報，但颱風經那霸島東方近海後，轉向北北西遠離，並未對臺灣造成損害，氣象局乃在該日12時就解除陸

■ 八七水災災情

上警報。

　　但8月6日在東沙島近海形成的熱帶性低氣壓，由於艾倫颱風轉向日本而隨之向臺灣進襲，由嘉義布袋登陸，消失於埔里，而在花蓮、新港之間形成副低壓，使得中南部地區降下62年來罕見的超大豪雨，尤其斗六地區半天就下了約1,100毫米，台中、東勢、豐原、彰化、雲林、嘉義及高雄山區等地雨量也超過700毫米。山洪爆發、加上潮水、風浪影響排水，彼時水利設施也還不完善，造成洪水氾濫。

　　水災範圍包含臺灣中南部13縣市，災民30萬5,234人，各項直接損失約37億4,235.8萬元，約占當時國民所得的11%，也相當於當年臺灣省政府總預算；死亡667人、失蹤

408人，直到今天還是臺灣史上死亡與失蹤人數最多的重大水災之一。

八八水災

　　莫拉克颱風及與其相關的西南氣流等天氣系統是造成八八水災的主因。2009年8月2日，日本氣象廳報告當年第十一號熱帶低氣壓形成。8月3日進入菲律賓，8月4日在菲律賓東北方約1,000公里海面上形成輕度颱風莫拉克。

　　8月5日，莫拉克颱風增強為中度颱風，並向西移動；8月7日暴風圈逐漸進入臺灣東部陸地，移速緩慢；23時50分左右這個颱風在花蓮市附近登陸；8月8日11時左右減弱為輕度颱風，並於14時左右於桃園附近出海；8月9日18時30分左右臺灣本島脫離莫拉克颱風暴風圈。

上：八八水災過後被沖毀的台南小林村
下：八八水災時河邊樓房倒塌

在8月7日以前，全台已長期缺水，各水庫多有低水位旱象，因此當莫拉克颱風接近臺灣之時，各家媒體皆歡欣報導旱象可望解除。但是由於颱風帶來超乎預期之雨量，風力最高達13級，造成全臺灣人民生命財產極大損害，故稱八八水災。

八八水災造成南臺灣受災慘重，其中又以高雄縣甲仙鄉（小林村）、那瑪夏鄉、六龜鄉（新開部落）、屏東縣林邊鄉、佳冬鄉、台東、太麻里鄉等地受災最嚴重。

在颱風創下高雨量紀錄的屏東縣，貫穿南臺灣的南回線鐵路受災嚴重，多處堤防坍塌，並造成數公尺的淹水，多項損失復原甚至要經年累月。

另外，在高雄縣方面，則以山地部落村莊人員傷亡最為嚴重。其中甲仙鄉小林村的小林主部落慘遭滅村，數百人死亡，全村僅少數人逃生。

除此，台南縣、南投縣亦有嚴重損失。其中，台南縣迅速汛流造成各地淹水，疑似因曾文水庫洩洪所致，而南投縣、台東縣皆以山坍、土石流禍害造成的民宅流失及交通中斷影像，透過媒體播放成為災害矚目焦點。

八八水災最後的傷亡統計：全臺灣共有678人死亡、33人受傷，死傷人數多集中在嘉義、台南、高雄、屏東、南投等地區。幾近滅村的地區包含高雄縣甲仙鄉小林村小林部落

與六龜鄉新開部落。共有11個縣市受災,其面積相當於半個臺灣。受災民眾共916萬人,約占總人口數40%。公共設施直接受災的損失共1,526億元,而民間損失統計,全部損失將近2,000億元台幣,相當於GDP的11.6%。

　　臺灣各界紛紛指責政府防災救援不力,引發廣泛民怨,使馬英九總統領導的國民黨政府聲望大幅滑落。最後更因追究政治責任的呼聲,直接導致劉兆玄內閣於同年九月初宣布總辭。

國家圖書館出版品預行編目

興台之圳：對開發台灣做出重大貢獻的瑠公圳 /
卜一著. -- 臺北市：致出版, 2020.06
    面； 公分
    ISBN 978-986-98410-5-4(平裝)

434.257   108022036

興台之圳

──對開發台灣做出重大貢獻的瑠公圳

作　　者／卜　一
出版策劃／致出版
製作銷售／秀威資訊科技股份有限公司
　　　　　114 台北市內湖區瑞光路76巷69號2樓
　　　　　電話：+886-2-2796-3638
　　　　　傳真：+886-2-2796-1377
網路訂購／秀威書店：https://store.showwe.tw
　　　　　博客來網路書店：http://www.books.com.tw
　　　　　三民網路書店：http://www.m.sanmin.com.tw
　　　　　金石堂網路書店：http://www.kingstone.com.tw
　　　　　讀冊生活：http://www.taaze.tw

出版日期／2020年6月　　定價／340元

致 出 版
　　　　　　　　　　　　　　　　向出版者致敬